李 铭 编著

量子之光

——追寻量子的脚步

科学出版社

北 京

内 容 简 介

量子理论开启了物理学新时代，使人类从经典的牛顿力学时代进入现代物理学时代，为原子分子物理、新材料物理、量子信息等高科技打下了坚实基础。量子理论的发展过程充满了细致的实验探究、深入的思考和创新的智慧。同时，量子理论带来的新思维与经典世界截然不同，至今让人们困惑不已。领略前人创造的历史，激发新一代的创新能力，是本书的使命。

本书可作为一般科普读物，也可作为中学和大学的通识教育教材。

图书在版编目（CIP）数据

量子之光：追寻量子的脚步 / 李铭编著. -- 北京：科学出版社，2024. 6. -- ISBN 978-7-03-078685-2

I. O413

中国国家版本馆 CIP 数据核字第 2024M8W439 号

责任编辑：窦京涛　龙嫚嫚　孔晓慧／责任校对：杨聪敏
责任印制：赵　博／封面设计：有道文化

科学出版社 出版
北京东黄城根北街 16 号
邮政编码：100717
http://www.sciencep.com

北京富资园科技发展有限公司印刷
科学出版社发行　各地新华书店经销

*

2024 年 6 月第 一 版　开本：850×1168　1/32
2024 年 11 月第二次印刷　印张：5 1/8
字数：102 000
定价：39.00 元
(如有印装质量问题，我社负责调换)

前 言
PREFACE

　　量子理论开启了现代科学的大门，为现代科技提供了强大的理论基础。20 世纪至今诞生的光谱技术、半导体技术、激光技术等都与量子理论密切相关。科学家利用这些技术研制了各种光谱仪、晶体管、芯片、激光器、扫描隧道显微镜、原子钟，以及磁共振、PET 等大型医疗设备，使得人类的生产能力和生活水平得到了很大的提高。

　　前人创立量子理论的过程经历了二十多年的思索和探究。普朗克最先为量子理论点燃了思想的火花，一批充满活力的年轻物理学家如玻尔、海森伯、薛定谔、狄拉克等建立了量子理论的基本理论。后人在此基础上让量子理论结出了丰硕的成果。这个过程充满了实验的艰辛、思想的纠结、灵感的涌现、智慧的创造，值得新一代人学习和借鉴。前人的灵感、智慧和创新对新一代提出新理论、发明新技术、解决新问题有极其重要的参考价值。

　　科学还有很多未解之谜。国际权威机构最近发布了 125 个前沿科学问题，其中就有相当一批重量级的物理问题有待解决。比如，物质的起源是什么？时空的最小尺度是多少？高温超导的机理是什么？为什么量子不确定性很重要？量子多体纠缠比量子场更基本吗？…… 可见，量子理论还有继续发展的空间，还有很多科学问题有待利用量子理论去解决。这是历史赋予新一代人的使命。

　　本书的目标就是向年轻人介绍量子理论的创造过程以及前人的思想和方法，培养年轻人的探索精神和创新能力。本书内容涵盖了量子理论的基本原理和一些前沿进展。作者在量子理论领域有多年的教学经验，深知许多年轻学生对物理学有畏难情绪。因此，本书力求用简练的语言、尽量少的数学公式讲解量子理论的原理，让普通的中学生、大学生都可以理解和接受。本书既可作为科普读物，也可作为中学和大学的通识教育教材。

李　铭

2023 年 12 月

目 录
CONTENTS

第 ❶ 章
量子的前夜

1.1 历史背景

17 世纪后期，牛顿力学建立起来，并开始成功应用于人类的社会生活。牛顿在 1687 年出版了他的代表作《自然哲学的数学原理》。在该著作里，牛顿提出了力学的三大定律以及万有引力定律，并用力学原理解释了大量的自然现象。牛顿将一切运动归结为机械运动，认为自然界就是一架按照力学规律运动的机器。牛顿研究问题的科学方法也得到社会的普遍赞赏和采用。牛顿运用的归纳和分析的研究方法、简单性原则、以实验为基础探寻和发现物质世界的普遍规律的原则，对后世科学的发展产生了深远的影响。牛顿力学对社会科学，特别是哲学和人类思想发展也产生了重大影响。在牛顿力学的直接影响下，英国的霍布斯和洛克建立和发展了机械唯物主义哲学，并产生了强大的影响力，使得唯物主义在宗教神学面前有了发言权，跟唯心主义哲学进行了激烈的斗争。牛顿力学使人类在思想观念上开始走向科学化和现代化，对人类思想进步产生了深刻的影响。

随着热力学原理的建立，18 世纪中叶，蒸汽机开始大规模应用，开启了以英国为代表的资本主义国家的第一次工业革命。蒸汽机和由蒸汽机带动的早期机车如图 1.1 所示。蒸汽机带动的各种机械使工业生产力得到迅猛的提高，资本主义经济在欧洲开始突飞猛进地发展。

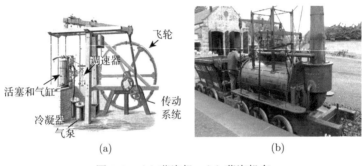

图 1.1　(a) 蒸汽机；(b) 蒸汽机车

同一时期，电磁学也开始走上科技舞台。丹麦物理学家奥斯特于 1820 年发现了电流的磁效应，也就是电流对磁极有力的作用。紧接着，英国物理学家法拉第根据奥斯特的发现发明了人类第一台电动机。法拉第于 1831 年又发现了电磁感应现象：当一块磁铁穿过一个闭合导线时，导线里就会产生电流。在此基础上，法拉第很快发明了圆盘发电机。从此，电力工业开始起步。1865 年，英国物理学家麦克斯韦根据前人发现的电磁现象和规律总结出电磁学的基本方程 (经后人整理为现在的麦克斯韦方程组)。1873 年，麦克斯韦《电磁通论》出版，建立了经典电磁学的理论体系。特别是，麦克斯韦预言了电磁波，并提出了光就是一种电磁波的思想。1887 年赫兹用实验证实了电磁波。电磁学的发展开启了美国、德国等国以电力为标志的第二次工业革命，电灯、电话以及电动机械相继出现。两次工业革命带来了工业技术和生产力的空前发展和提高。

1.2　两朵乌云

德国维尔茨堡大学的伦琴 [图 1.2(a)] 于 1895 年发现了 X 射线。这种射线可以穿透黑纸板和玻璃，还能使照相底片感光。伦琴用 X 射线拍摄了他夫人的手掌的照片，见图 1.2 (b)。照片显示出手掌里面的骨骼，一下子轰动了世界。伦琴因此获得了第一个诺贝尔物理学奖 (1901 年)。现在我们知道，X 射线实际上是一种高频电磁波，波长大约在 0.001~10nm 的范围 ($1nm=10^{-9}m$，可见光的波长大约在 400~760nm 的范围)。X 射线至今仍然在医疗影像方面发挥着巨大的作用 (如 X 光拍片)。X 射线衍射还是测量晶体结构的重要手段。

1895~1898 年法国物理学家贝可勒尔和居里夫妇发现了铀、钍、镭等物质的放射性，共同获得了 1903 年诺贝尔物理学奖 (居里夫人还因发现了元素钋、镭而获得了 1911 年诺贝尔化学奖)。后来英国物理学家卢瑟福确定了放射性物质发射的 α 射线就是高速氦核、β 射线就是高速电子，法国物理学家维拉德确定了 γ 射线是一种波长极短的电磁波 (大约比 X 射线的波长还小 3 个量级)。现在，放射性在辐照消毒、辐照保

鲜、橡胶的辐照交联改性和癌症的放射治疗等方面都有广泛的
应用。

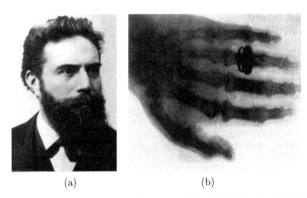

(a)   (b)

图 1.2   (a) 伦琴照片；(b) 伦琴用 X 射线拍摄的夫人手掌的照片

　　1897 年英国剑桥大学的 J. J. 汤姆孙发现了电子，并获得
了 1906 年诺贝尔物理学奖。2000 多年前的古希腊唯物主义哲
学家德谟克里特首创了原子的概念，认为万物由不可分割的原
子构成。1803 年道尔顿根据大量化学实验提出了现代原子论，
认为原子是物质不可分割的最小单元。电子的发现宣告了原子
是可分的。后来人们进一步知道，原子是由原子核和电子组成
的。不仅原子可以分割，原子核还可以分割，是由质子和中子
组成的。这个分割过程让人们曾经以为物质无限可分。但是，
现在人们认为质子和中子都是由 3 个夸克组成的，而夸克和电
子等粒子是物质组成的最小单元。

　　1900 年，物理学家开尔文勋爵说，物理学的大厦已经建
成，但晴朗的天空仍飘着两朵乌云。其中一朵是人们寻找以太

的失败。古希腊时期亚里士多德就设想过以太的存在，认为以太是一种弥漫在宇宙空间中的背景物质。在 300 多年前的牛顿时代，物理学家惠更斯提出光是一种波，并设想了以太这种介质作为光波的媒介。后来，麦克斯韦建立了电磁理论并预言了电磁波，进一步提出以太是电磁波的媒介。19 世纪末年，美国物理学家迈克耳孙和莫雷用干涉仪研究了地球相对于以太的速度 (即所谓以太风)。他们惊奇地发现地球相对于以太竟然是静止的！随后几年他们多次重复了这个实验，得到的依然是零结果。这是很荒唐的，地球以 30km/s 的速率绕太阳公转，怎么可能静止在以太中？这就是开尔文勋爵说的物理学的第一朵乌云。他说的另一朵乌云是指热力学中的能量均分定理在气体比热以及热辐射能谱的理论解释中得出与实验不符的结果，特别是黑体辐射理论会出现"紫外灾难"。人们尝试了各种物理学理论都无法对它进行解释。这两朵乌云催生了 20 世纪物理学的两大基石，即相对论和量子力学。

20 世纪初，以微观粒子为研究对象的量子力学诞生。物理学从此云开雾散进入原子分子新时代。20 世纪四五十年代，人类迎来了以原子能、电子计算机、空间技术和生物遗传工程的发明和应用为主要标志的第三次工业革命。目前核电的利用占总电力的比例在许多欧洲国家已超过 50%，在法国更是高达70%。计算机技术的进步在 20 世纪末促进了通信技术和信息技术的飞速发展。量子力学为 20 世纪的科技进步提供了最重要的理论基础。

第❷章

量子的曙光

2.1 普朗克——灵光初现

19 世纪末，人们发现了几件无法理解的怪事情。其中一件是一种所谓黑体的辐射谱。任何物体只要有温度，就有热辐射，而且温度越高热辐射越强。这是很显然的，就像一根烧红的木棒对周围有热辐射一样。物体同时还可以吸收和反射外来的辐射。黑色的物体之所以表现为黑色就是因为它吸收热辐射的能力很强而反射热辐射的能力很弱。可见，一般的物体可以发射、吸收和反射热辐射。19 世纪中叶，著名的物理学家基尔霍夫提出了一个定律：热平衡的物体对辐射的发射率与吸收率之比是一个普适的只与温度有关的函数，与物体的材料、形状、体积无关。

黑体就是只吸收辐射而不反射的物体。这当然是一种理想的极端情况，实际上世界上没有这样的物体。碳粉比较像黑体，现代高科技做出来的超黑材料的反射率极低，确实非常接近黑体了。不过,当时人们想到了一个等价并且容易实现的黑体,即一个不透光的任何材料做成的空腔,空腔内部非常接近黑体。在空腔壁上开一个小孔,空腔可以向外发射热辐射,而从外部进入小孔的辐射在空腔内壁经过多次反射最后几乎全部被内壁吸收而不能再从小孔射出,见图 2.1(a)。从这个空腔的小孔发射出来的热辐射近似为黑体辐射。于是,一些实验物理学家就测量了黑体辐射的强度随波长的分布 (称为黑体辐射谱)。读者不要小看这个看起来有点无聊的实验,它对人类的文明进步产生了重大影响。

黑体辐射谱也就是辐射的能量密度随波长的分布,见图 2.1(b) 的实验曲线。辐射强度主要集中在峰值附近,短波长和长波长范围的辐射强度都比较小。随着温度升高,辐射谱强度增大,且偏向短波长范围。令人非常惊奇的是,黑体辐射谱与黑体的形状、大小、材料无关!基尔霍夫对热辐射进行了大量的研究,并在 19 世纪 60 年代把黑体辐射谱带到了德国的柏林。在这里终于有人从物理上找到了这个辐射谱的数学表达式。这个成就的取得经历了近 40 年的研究!值得一提的是,基尔霍夫关于热辐射的学术著作由热力学的奠基人之一玻尔兹曼编辑出版,关于物理学和光学的学术著作则由最后取得成功的普朗克编辑出版!

众多物理学家希望用各种物理理论尤其是热力学理论来解释黑体辐射谱曲线。可是,一开始人们推导出的辐射谱跟实验曲线不怎么符合。两种典型的理论推导结果是所谓的维恩曲线和瑞利-金斯曲线。前者是维恩在 1896 年得到的,跟实验曲线基本符合，但在大波长范围内有一点点偏离。虽然这样的符合程度在那个时代算是非常不错了，物理学家还是觉得不满意。不久瑞利 (1900 年) 按能量均分定理推导出来的瑞利–金斯曲线跟实验测量结果显著偏离，特别是在短波波段发散，见图 2.2(a)。这就是历史上所谓的"紫外灾难"。几年后 (1905 年) 金斯尝试过各种努力，能量均分定理都无法避免这个结果。

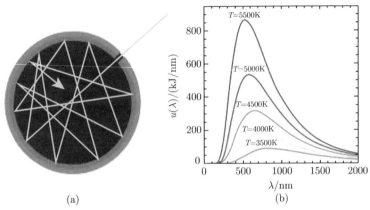

(a)　　　　　　　　　(b)

图 2.1　(a) 开口的且内壁粗糙的不透光箱子形成的黑体；(b) 黑体辐射谱

德国物理学家马克斯·普朗克 (图 2.2(b)) 也加入了这个研究行列。1900 年 12 月，他根据维恩公式和瑞利–金斯公式凑出了下面的黑体辐射能量密度分布公式[①]：

$$u(\lambda, T) = \frac{8\pi hc}{\lambda^5} \frac{1}{e^{hc/(\lambda kT)} - 1} \tag{2.1}$$

其中，k 是玻尔兹曼常量，h 是一个待定的常数，后人称之为

---

① M. Planck, Annalen der Physik, **4**, 553(1901).

普朗克常量，c 是真空中的光速，λ 是辐射的波长，T 是黑体的温度。普朗克公式给出的辐射谱跟实验数据惊人地符合，如图 2.2(a) 所示。普朗克觉得，他凑出的这个公式背后一定有深刻的物理根源。于是，他希望找到一个物理模型把这公式推导出来。不久，普朗克提出了一个假设：空腔内壁吸收和发射电磁波的谐振子的能量是一个基本单位 $h\nu$ (称为能量子) 的整数倍，即 $E = nh\nu$，这里的 ν 是谐振子的频率。在这个假设基础上，普朗克就推导出了他的黑体辐射公式。

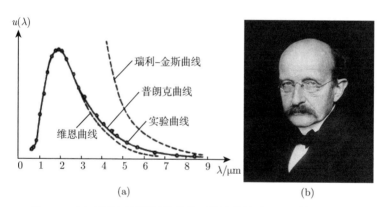

图 2.2　(a) 黑体辐射谱以及几种理论计算结果；(b) 普朗克照片

令普朗克公式对波长的导数为 0，可求出辐射谱峰值对应的波长 $\lambda_{\mathrm{m}} = 0.2014hc/(kT)$，与实验数据的峰值对比可以求出普朗克常量。现在人们经过更准确的实验测量，确定了 $h = 6.626 \times 10^{-34} \ \mathrm{J} \cdot \mathrm{s}$(焦·秒)。这是自然界的一个新常量。它是一个很小的常量，所以在宏观世界很难表现出来。

阳光也可以近似看做温度为 6000K 左右的黑体发射出来

的辐射。只不过由于大气中臭氧、氧气、水蒸气的吸收，阳光的紫外成分大大减少，可见光成分和红外成分也显著减弱，如图 2.3 所示。阳光的波长主要集中在可见光波长范围 (当然，实际的情况应该是人类的眼睛在漫长的进化岁月里逐渐适应了阳光的这个最强波段)。

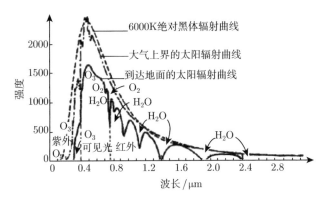

图 2.3　阳光的辐射谱

现在人们可用多种方法推导普朗克公式。比如，已知正则系综的分布律是 $\rho_s = \dfrac{1}{Z} \mathrm{e}^{-E_s/(kT)}$，也就是具有确定粒子数 N、体积 V 和温度 T 的系统处于状态 s 的概率 ρ_s 随能量 E_s 的分布，其中 $Z = \sum\limits_s \mathrm{e}^{-E_s/(kT)}$ 是系综的配分函数。根据这个分布律，普朗克的量子化振子 $(E_s = nh\nu)$ 的平均能量为 $\overline{E} = \sum\limits_s \rho_s E_s$。计算出这个求和就可以得到普朗克的黑体辐射公式。不过普朗克的这个量子化谐振子假说并不正确，谐振子在哪儿呢？谁也说不清。

普朗克这个假说被后人称为能量子假说。这就是量子的曙光，开启了人类的量子新纪元。

几年后，富于创新的年轻的爱因斯坦把他的量子观念推向一个新的高度：辐射场的能量本身是量子化的。普朗克一开始对这样的量子假设很不以为然，只认可自己的谐振子能量子。他曾多年试图用经典的理论来理解黑体辐射，但都没有成功。无效的努力让他最后不得不相信黑体辐射只可能建立在量子的基础上。

普朗克 1858 年出生在德国一个具有良好教育传统的家庭。他的曾祖父和祖父都是哥廷根大学的神学教授，他的父亲是基尔大学和慕尼黑大学的法学教授，他还有个叔叔是哥廷根大学的法学家和德国民法典的重要创立者之一。普朗克在慕尼黑受到数学家米勒的启发，对数理学科产生了兴趣。米勒也教他天文学、力学和数学。普朗克从米勒那里也学到了生平第一个物理定律——能量守恒定律。普朗克具有很好的音乐天赋，会演奏钢琴、管风琴和大提琴，还上过演唱课，曾在慕尼黑学生学者歌唱协会为多首歌曲和一部轻歌剧 (1876 年) 作曲。但是普朗克最后还是决定学习物理，1874 年在慕尼黑开始了他的物理学学业。普朗克自学了热力学奠基人克劳修斯的热力学讲义，在热力学理论中找到了自己的兴趣。1879 年普朗克递交了他的博士论文《论热力学第二定律》并获得博士学位，1880 年以论文《各向同性物质在不同温度下的平衡态》获得大学任教资格。1885 年 4 月普朗克担任基尔大学的理论物理学教授。1894 年普朗克被选为普鲁士科学院院士。普朗克因提出黑体辐射的能量子假说获得 1918 年诺贝尔物理学奖。他一生培养了 20 多名博士研究生，其中两名后来也获得了诺贝尔物理学奖。

2.2　爱因斯坦——光量子假说

当时另一个让世人无法理解的实验现象是所谓光电效应。一束光波打在金属表面，金属内部的电子吸收光能从金属表面发射出来，即为光电效应，如图 2.4(a) 所示。这样发射出来的电子称为光电子。这个现象是德国物理学家赫兹于 1887 年发现的。正是这一年，赫兹证实了麦克斯韦预言的电磁波。他在做电磁波实验的时候，观察到紫外线有明显的光电效应。不过，赫兹没有对此做进一步的研究。赫兹报告的这个现象引起了另一些实验学家的注意。他们发现，紫外线可以让带负电的金属锌放电，也可以让中性金属锌带正电。后来人们才知道，紫外线能让金属发射电子。不久，艾斯特和盖特尔根据这个效应设计了一个实用的光电管，用于测量光的照度，获得了很大的成功。他们发现各金属的光电效应强弱不同，从大到小排序大致上为：铷、钾、钠、锂、镁、铊、锌。1897 年 4 月 J. J. 汤姆孙在英国皇家研究院的演讲中表示，通过观察光电管里的阴极射线，确认阴极射线是由带负电荷的粒子即所谓电子组成的，并用磁场使阴极射线偏转测出了电子的电荷–质量比。J. J. 汤姆孙因此发现获得了 1906 年诺贝尔物理学奖。1902 年，莱纳德发布了几个关于光电效应的重要实验结果。第一，入射光在单位时间内产生的光电子数量与入射光的强度成正比。第二，他使用不同的物质做阴极材料发现，每一种物质所发射出的光电子都有其特定的最大动能，最大动能与入射光的频率有关，但与入射光强度无关。特别是，如果入射光波的频率小于某个临界值 ν_0 (称为截止频率，与材料有关)，入射光无论有多强，都打不出电子。

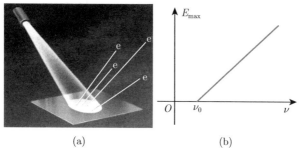

图 2.4 (a) 光电效应示意图；(b) 光电效应中光电子的最大动能与入射光频率的关系

光波越强，被发射出来的光电子越多。这是很容易想象和理解的。奇怪的是，发射出来的光电子的动能却跟入射光的强弱无关，而是依赖于光波的频率！也就是说，微弱的紫光可以从某金属表面打出电子，而很强的红光却可能打不出电子。这个怪事让人们大惑不解了十几年！从经典电磁学来讲，入射光越强，光波作为电磁波的电场分量越大，就应该能把金属中的电子加速到更高的能量，从而发射更大动能的电子。但是，事实不是这样。事实是，光电子的最大动能跟入射光的频率成正比，如图 2.4(b) 所示。这就有点奇怪了，动能怎么跟光波频率成正比呢？这是不是说光波频率跟能量有某种关联呢？这个联想启发了年轻的爱因斯坦，他猛然想到，普朗克的能量量子正

13

好揭示了能量与频率的关联。于是，爱因斯坦做出他一生的第一个重大贡献。

1905 年，26 岁的爱因斯坦发表了解释光电效应的论文《关于光的产生和转化的一个试探性观点》[①]。在这一篇论文中，爱因斯坦受普朗克的能量了假说的启发，往前迈出一大步，认为辐射本身就是由能量为 $h\nu$ 的光量子 (后来简称光子) 组成的。根据能量守恒，一个光子打出一个光电子的过程可写成下面的公式：

$$E_{\max} = h\nu - W \tag{2.2}$$

其中，W 是电子在物质表面上的逸出功，也就是物质对电子的束缚能，等式左边 $E_{\max}$ 是电子的最大动能。这个公式现在看起来是很显然的，一个光子打出一个电子，光子的能量一部分消耗在材料对电子的束缚能上，剩下的就由光电子带走。由此公式可见，光波频率越高，光子能量越大，从而打出的电子的动能越大，而且光电子最大动能与光子频率呈线性关系。特别是，当光波的频率太低，以致光子的能量低于电子从物质表面逃逸的逸出功 W，光子就打不出电子。所以，截止频率为 $\nu_0 = W/h$。这么简单的一个数学公式就解释了光电效应的奇怪特征。爱因斯坦因此获得了 1921 年诺贝尔物理学奖。这个公式的价值在于提出了光量子的思想，确认了光波的能量量子化。爱因斯坦更重大的贡献是后来创立的狭义相对论和广义相对论。

[①] A. Einstein, Annalen der Physik, **17**, 132(1905).

细致的测量是在十多年后的 1916 年由密立根完成的。在一个产生光电效应的碱金属阴极 K 前方设置一个阳极构成一个光电管。光照射在阴极上，电子被打出来，加有正向电压的阳极可以收集阴极发射出来的光电子而在外电路产生电流，如图 2.5(a) 所示。当阳极上的电压减小到 0，由于电子有动能，也还有少量电子能射到阳极上而产生电流。如果在阳极上加上负电压并逐渐加大，电子受到越来越强的排斥，直到最大动能的电子也无法到达阳极，外电路上电流截止。这时的电压称为截止电压 V_c，eV_c 正好跟电子的最大动能 $E_{\max}$ 相等。所以，测出这个截止电压，就可以验证爱因斯坦的光电效应公式。实验结果与爱因斯坦的公式完全符合，见图 2.5 (b)[1]。

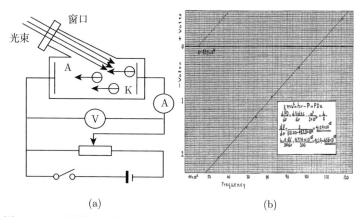

(a)   (b)

图 2.5　(a) 测量光电效应的装置；(b) 密立根 1916 年测量光电效应得到的频率–电压曲线，纵轴为截止电压 V_c，横轴为入射光频率 ν

[1] R. A. Milliken, Phys. Rev., **7**, 355(1916).

密立根的这个实验结果还能给出普朗克常量的数值。根据爱因斯坦的光电效应公式，加上 $E_{\max} = eV_c$，图中直线的斜率就是 h/e。这是个很小的数，但由于光波的频率是很大的，截止电压在几伏特的范围。碱金属的逸出功比较小，更容易发生光电效应，是制作光电响应器件的理想材料。

爱因斯坦 1879 年出生于德国乌尔姆市的一个犹太人家庭 (父母均为犹太人)。他的父亲是一名商人，母亲是一位音乐家。1880 年爱因斯坦的父亲与叔叔创建了一家电机工程公司，专门设计与制造电机等机器。爱因斯坦五岁时开始学习小提琴，一生都喜欢时不时拉拉小提琴。爱因斯坦小时候喜欢阅读科普书籍和了解最新的科研成果。特别是亚龙·贝恩斯坦所著的《自然科学通俗读本》对他对科学的兴趣形成产生了重要作用。爱因斯坦 12 岁时自学了欧几里得几何，16 岁时自学了微积分。有意思的是，他第一次考大学没有成功，被要求补习一年文科。一年之后爱因斯坦考入苏黎世联邦理工学院师范系学习物理学。毕业后他本想留校担任助教，但一直没能找到教职，只能以当家庭教师为生。1900 年 12 月他完成了论文《由毛细管现象得到的推论》，次年发表在莱比锡《物理年鉴》上。1901 年爱因斯坦正式取得瑞士国籍。1901 年 7 月他又完成了电势差的热力学理论的论文。1902 年在大学同学的协助下，爱因斯坦成为瑞士伯尔尼专利局的助理鉴定员，从事电磁发明专利申请的技术鉴定工作。在此期间他利用业余时间开展科学研究，和几个朋友组成了名为"奥林匹亚学院"的讨论组，讨论科学和哲学问题。1905 年是爱因斯坦的丰收年，他完成了苏黎世大学博士论文《分子大小的新测定法》并取得博士学位，发表了关于光电效应、布朗运动和狭义相对论等六篇学术论文。1908 年爱因斯坦开始担任伯尔尼大学的兼职讲师，1909 年离开专利局任苏黎世大学理论物理学副教授，1911 年移居布拉格并任当地大学的理论物理学教授，1912 年任母校苏黎世联邦理工学院教授。1914 年，应普朗克和能斯特的邀请，爱因斯坦回德国柏林任威廉皇帝物理研究所所长兼柏林洪堡大学教授。1915 年爱因斯坦发表了广义相对论，解释了水星进动、太阳周围光线偏折等天文现象。他所预言的光线偏折现象于 1919 年被英国天文学家爱丁顿的日全食观测结果所证实。1916 年爱因斯坦发表了《关于辐射的量子理论》的论文，提出了受激辐射的概念，为激光的面世提供了理论基础。1921 年爱因斯坦因在光电效应方面的研究成果获得了诺贝尔物理学奖。1933 年他为了躲避希特勒纳粹政权的迫害，辗转到美国担任新建的普林斯顿高等研究院的教授，后来还取得了美国籍。爱因斯坦被国际公认为是继伽利略、牛顿以来最伟大的物理学家之一。他曾于 1922 年底两次到访中国，受到了中国青年学生和学者的热烈欢迎。

爱因斯坦用光量子假说成功解释光电效应之后，量子的观念开始受到关注。1913 年玻尔受普朗克的能量子假说和爱因斯坦的光量子假说的启发，提出了原子结构的量子轨道模型，成功解释了氢原子光谱，并获得了 1922 年诺贝尔物理学奖。另外，1923 年康普顿通过 X 射线和电子的散射实验 (称为康普顿散射) 进一步确认了爱因斯坦的光量子假说。利用爱因斯坦的狭义相对论的动量守恒和能量守恒关系，康普顿精确地解释了他的实验结果，并获得了 1927 年诺贝尔物理学奖。

　　人类对光的认识有两千多年的历史。阿基米德和亚里士多德最早对光的特性和色彩进行了论述。公元 6 世纪，古印度大乘佛教重要理论家、新因明学说的奠基人陈那认为，光由一个个原子实体组成，并认为光等同于能量。约公元 10 世纪，伟大的阿拉伯物理学家阿尔·哈曾出版了多部有关光学的专著，用实验方法建立了光的反射和折射理论，纠正了阿基米德和亚里士多德的许多错误观点。到了欧洲文艺复兴时期，伟大的自然哲学家笛卡儿 1637 年发表了光的折射理论，认为光的折射可以用波动来解释，否认光的原子实体学说。伟大的物理学家牛顿研究了笛卡儿的理论，认为笛卡儿对光的颜色的认识不准确。大约在 1675 年牛顿提出光是由大量的物质微粒组成的，而且这些微粒有一定的速度。这个认识可以很直观地解释光的直线传播和光的反射，但不太容易解释光的折射，更不容易解释为什么几束光可以相互交错而毫无阻碍地通过。1704 年，牛顿出版《光学》著作，系统阐述了他在光学方面的研究成果，进一步论证了光的微粒说。因为牛顿的世界巨人形象，这个错误认识统治了人类一个多世纪。跟牛顿同时代的荷兰天文学家和物理学家惠更斯等于 1678 年提出了光的波动说。这个学说不仅可以解释光的直线传播和光的反射，还可以非常巧妙地解释光的折射。并且惠更斯认为，就像水波是水这种介质的波动一样，光是一种所谓的以太介质的波动。惠更斯和牛顿对光的不同认识在科学界曾经引起过一场大辩论：光是粒子还是波？但最后也没有结论。直到 1807 年托马斯·杨发现光的干涉和衍射现象（也就是现在仍然在大学物理实验室里进行的双缝干涉实验），光的波动说才获得了直接的证据并逐渐成为人们的共识。有一个令人惊奇的实验让光的波动说的反对者无言以对。泊松根据波动说的原理，设计了这样一个实验：让一束光经过一个不透光的圆屏，光被圆屏挡住。在圆屏之后一段距离上放置一个接收屏 (白纸片即可)，在接收屏上，圆屏正对着的区域是阴影。令人惊奇的是，阴影中心竟然有一个很小的亮斑。这个亮斑现在称为泊松亮斑。这是波动说的结论，却是微粒说完全不能解释的。泊松本来是支持光的微粒说的，在他自己这个实验面前，他不得不放弃微粒说。19 世纪 70 年代伟大的物理学家麦克斯韦建立了电磁理论，并进一步认识到光是一种电磁波。现在爱因斯坦又把人们对光的认识拉回到跟牛顿微粒说有点类似的光量子说，是不是有点戏剧性呢? 这样一个曲折的历史让人类对光的认识逐步深化了。

不过，直到今天，人们也不是十分清楚光子到底是什么样的。所以，人们对光子的质疑至今也没有停止。我们知道的是，光子不是一个空间上的点粒子，光子有动量，有能量，但没有质量。光子具有波动性，也具有粒子性。这是后话。

2.3 卢瑟福——核式结构原子模型

量子论还有一个重大飞跃，那就是玻尔的原子模型。在讲这个模型之前，我们先来看看原子到底是什么样子。

2000 多年前古希腊哲学家德谟克利特提出了原子假说，认为原子是组成物质的不可分割的最小单元。这样的假说跟中国古人的"元气"假说一样，很容易被人当做一种没有证据的"信不信由你"的胡言乱语。1800 年左右，化学家道尔顿在大量的化学反应中观察到，不同元素总是以简单的整数比化合，比如氢气和氧气以 2:1 的体积比化合成水。因而道尔顿提出，物质由分子构成，而一个分子由不同原子按固定的比例组成。每一种原子构成一种元素。原子是物质的最小单元而不可分割。从此物质的原子说得到公认。

2.2 节提到过，英国物理学家 J. J. 汤姆孙多年致力于阴极射线的研究。在抽成真空的玻璃管中的两个电极上加上几千伏的电压，阴极就会发射一种射线，使玻璃管壁上的荧光粉发出荧光，如图 2.6(a) 所示。这种射线称为阴极射线。阴极射线最早可以追溯到 1858 年，德国的盖斯勒制成了低压气体放电管。在那之后几十年人们都不明白阴极射线到底是什么，一些人还曾猜想阴极射线是一种以太波。1897 年，J. J. 汤姆孙设计了一个实验，在阴极射线两边加上电压，阴极射线就会向正极方向偏转，说明射线带负电荷，根本不是什么以太波。把射线放在磁场中，射线也会因洛伦兹力发生偏转，并且根据偏转的大小可以计算出射线的电荷与质量之比 (荷质比)。于是，他把阴极射线称为电子。他所采用的方法经过阿斯顿的改进和完善，发展为今天的质谱仪，是测量元素荷质比的最有效的方法。

J. J. 汤姆孙随后想到电子必定是原子的一部分，而原子是中性的，所以原子必定还含有带正电荷的背景。所以，J. J. 汤姆孙认为原子的结构类似于一个带有葡萄干的蛋糕 (布丁)，葡萄干相当于电子，而蛋糕相当于原子的正电荷背景。这个原子模型被称为布丁模型，如图 2.6(b) 所示。

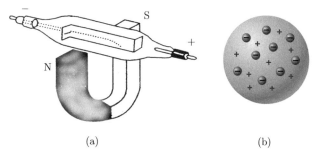

(a)　　　　　　　　　　　　　(b)

图 2.6　(a) J. J. 汤姆孙发现电子的装置示意图，一个阴极射线管和一个 U 形磁铁；(b) 原子的布丁模型，灰色部分为正电荷背景，小圆点代表电子

后来，J. J. 汤姆孙的学生卢瑟福推翻了这个原子模型，提出了核式结构原子模型。1910 年左右卢瑟福让他的几个研究生做 α 粒子照射金箔的实验 (α 粒子是高能的氦原子核)。研究生们发现，绝大多数 α 粒子从金箔透射出来，但少数 α 粒子的方向发生了偏转，还有极少数 α 粒子被反弹回来，如图 2.7(a) 所示。研究生们对这事不明所以，就问卢瑟福。卢瑟福想了几天，觉得原子应该不是个实心球而基本上是空的，原子中心有个很小很小的带正电的核 (后来称为原子核)，核周围稀稀拉拉有几个电子围着转圈，如图 2.7(a) 所示。这就是卢瑟福的核式结构原子模型。这个模型可以很容易地解释 α 粒子的大角度散射。当 α 粒子碰到金箔上的金原子核，由于都带正电，而且金

原子核比 α 粒子重几十倍, α 粒子当然就会被反弹回来。当 α 粒子从金原子核的旁边经过, 由于电子的质量比 α 粒子的质量小得多, 高能的 α 粒子就如入无人之境而透射过去。如果原子真是个均匀带正电荷的实心球加一些带负电的电子, 那么, α 粒子只能是要么全部透射出去, 要么全部反弹回来, 与实验不符。卢瑟福还用牛顿力学的弹性碰撞知识计算了 α 粒子在金原子核上的散射。计算结果和实验很好地符合。

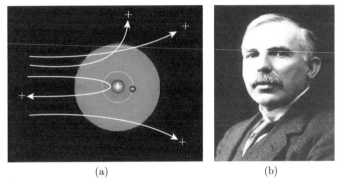

(a)　　　　　　　　　　(b)

图 2.7　(a) α 射线在金箔上的散射; (b) 卢瑟福照片

卢瑟福 (图 2.7(b))1871 年出生于新西兰纳尔逊的一个手工业工人家庭。成年后卢瑟福在新西兰的坎特伯雷学院学习, 23 岁时获得了三个学位 (文学学士、文学硕士、理学学士)。1895 年卢瑟福获得英国剑桥大学的奖学金, 进入卡文迪什实验室, 成为 J. J. 汤姆孙的研究生。毕业后卢瑟福到加拿大麦吉尔大学任教, 后来回到英国任曼彻斯特大学教授并于 1919 年回到剑桥大学接替 J. J. 汤姆孙担任卡文迪什实验室主任。卢瑟福因为放射性衰变和放射化学的研究获得了 1908 年诺贝尔化学奖。他对这个化学奖感到很意外,明明自己是个物理学家,却摇身一变成了化学家!卢瑟福一生有很多重大成就,包括:提出了原子的核式结构,发现了人工核反应,发现了质子,用实验确定了 α 射线就是高能氦核、β 射线就是高能电子等。所以,卢瑟福被世界誉为"原子核物理之父"。卢瑟福还是一个杰出的学术带头人,他一生培养了众多世界级物理学家,他的学生和助手中有十余人获得了诺贝尔物理学奖。其中玻尔曾深情地称呼卢瑟福为"我的第二个父亲"。

卢瑟福的核式结构模型有点像太阳系,电子就像是围绕太阳旋转的行星,所以这个模型也被称为原子的行星模型。这模型从美学上讲太漂亮了,让人们感受到大自然在宏观尺度和微观尺度的惊人相似性。但是,物理学家不满足于此,觉得这个模型有致命的困难。电磁学告诉我们,一个做加速运动的带电体会辐射电磁波。所以,一个做圆周运动的带电体会在圆周切

(a)   (b)

图 2.8   (a) 上海同步辐射光源; (b) 同步辐射的产生和应用

23

线方向辐射电磁波。这种辐射称为同步辐射。顺便说一下，现在全世界建有多座大型同步辐射光源，通过做圆周运动的高能电子束产生同步辐射，如图 2.8 所示。原子里的电子绕着原子核转，有向心加速度，那也应该发射电磁波。于是，电子的能量就会逐渐损耗以致耗尽掉进原子核里面去。所以，卢瑟福的这个原子模型是不稳定的！正在卢瑟福实验室访问的玻尔就对这个模型的不稳定性耿耿于怀。

2.4　玻尔——量子轨道模型

当时还有一件令人困惑已久的事情，就是每一种物质发射出来的光谱总是一些具有确定波长的离散谱线。光谱就是物质发射的光线的强度和波长的关系。图 2.9 是可见光波段的氢原子光谱，其上面的数字是谱线对应的波长。瑞士的一个中学数学老师巴耳末研究了这些波长的数值。1885 年他发现这些数值满足一个神秘的经验公式：$\lambda = 364.56\dfrac{m^2}{m^2 - 2^2}\text{nm}$，其中 $m = 3, 4, 5, \cdots$ 是整数。后人又发现红外波段和紫外波段也存在类似的离散谱线，而且也满足类似的经验公式，例如紫外波段 $\lambda = 364.56\dfrac{m^2}{m^2 - 1^2}\text{nm}$，$m = 2, 3, 4, \cdots$。1888 年瑞典物理学家里德伯把这些经验公式合并在一个公式里

$$\frac{1}{\lambda} = R_h\left[\frac{1}{n^2} - \frac{1}{m^2}\right], \quad m > n \qquad (2.3)$$

其中，$R_h = 109677.58\text{cm}^{-1}$ 称为里德伯常量。这个公式表明，氢原子光谱的每一条谱线的波长由两个整数 m、n 决定。这是

令人惊讶的。人们不明白这背后到底隐藏着什么惊人的秘密。

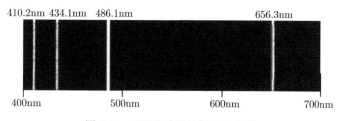

图 2.9　可见光波段的氢原子光谱

　　2.3 节讲到卢瑟福的核式结构原子模型是不稳定的，原因是核外做圆周运动的电子会辐射电磁波而损失能量最后落入原子核中。丹麦物理学家尼尔斯·玻尔当时正在卢瑟福的实验室访问，了解到卢瑟福的这个模型并思考它的不稳定性问题，不久就取得了一个轰动物理学界的成果，并成为日后量子力学新纪元的领袖，把哥本哈根建成了量子力学的发源地和研究中心。

　　玻尔 (图 2.10(a))1885 年生于丹麦的哥本哈根。他的父亲是哥本哈根大学的生理学教授。玻尔从小受到良好的家庭教育。玻尔还爱好足球，曾经和弟弟共同代表丹麦 AB 足球俱乐部参加职业足球比赛。1903 年玻尔进入哥本哈根大学数学和自然科学系学习物理，分别于 1909 年和 1911 年以关于金属电子论的论文获得哥本哈根大学的硕士和博士学位。玻尔在研究中意识到经典理论在阐明微观现象方面的严重缺陷，并注意到普朗克和爱因斯坦的量子假说。随后玻尔去英国剑桥大学 J. J. 汤姆孙主持的卡文迪什实验室学习，几个月后转到曼彻斯特，加入了曼彻斯特大学卢瑟福的研究团队。在这期间玻尔对卢瑟福的那个不稳定的原子模型产生了浓厚兴趣。

为了构造一个稳定的原子模型，玻尔借用普朗克和爱因斯坦的量子思想提出了三个基本假设。前两个如下：

(1) 原子核外的电子只能处在一系列分立的能级 $E_1, E_2, \cdots$ 上；

(2) 当电子在两个能级 E_m、E_n 之间转移 (跃迁) 时，就发射或吸收一个光子，光子的能量为 $h\nu = E_m - E_n$，其中 $h\nu$ 正是爱因斯坦提出的光量子 (图 2.10(b))。

这两条假设还谈不上什么很大的智慧，只不过是一个结合了量子假说的直观想象。从这两条假设也得不到什么有用的结论。

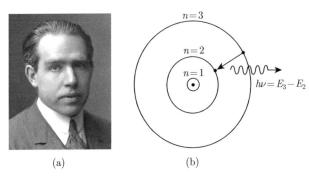

图 2.10　(a) 玻尔照片；(b) 玻尔的量子轨道模型和光子发射

不久，1913 年 2 月 4 日前后的某一天，玻尔的旧同事汉森来看他，提到瑞士数学教师巴耳末发现的经验公式，玻尔顿时恍然大悟！多年之后他回忆道：“就在我看到巴耳末公式的那一瞬间，突然一切都清楚了！”玻尔把里德伯总结的经验公

式改成光子的形式，只需要代入频率与波长的关系 $\nu\lambda = c$ 即得

$$h\nu = \frac{hc}{\lambda} = hcR_h\left(\frac{1}{n^2} - \frac{1}{m^2}\right) \tag{2.4}$$

把这个公式跟他提出的第二假设 $h\nu = E_m - E_n$ 对比，就可以看出氢原子应该具有下面的量子化能级：

$$E_n = -\frac{hcR_h}{n^2} \tag{2.5}$$

玻尔就开始琢磨氢原子为什么会有这样的能级！他考虑到氢原子中电子受到质子的库仑吸引力 $F = \frac{e^2}{r^2}$ (为了简化，这里采用高斯单位制)、电子做圆周运动的向心加速度 $a = \frac{v^2}{r}$，根据牛顿第二定律 $F = ma$ 得到

$$\frac{e^2}{r^2} = m\frac{v^2}{r} \tag{2.6}$$

化简即得电子的动能为 $\frac{1}{2}mv^2 = \frac{e^2}{2r}$。而电子在质子静电场中还具有电势能 $-\frac{e^2}{r}$，于是，氢原子的总机械能，即动能和势能之和为

$$E = \frac{1}{2}mv^2 - \frac{e^2}{r} = -\frac{e^2}{2r} \tag{2.7}$$

把这个机械能跟前面得到的能级 E_n 联系起来就得到

$$-\frac{e^2}{2r} = -\frac{hcR_h}{n^2} \tag{2.8}$$

这就意味着氢原子的电子圆周轨道半径 $r = \frac{e^2}{2hcR_h}n^2$ 只能是一些分立的值，也就是量子化的！这还没完！由式 (2.6) 可得

电子的动量为 $mv = \sqrt{\dfrac{me^2}{r}}$，把电子的量子化轨道半径代入可得 $mv = \dfrac{\sqrt{2hcmR_h}}{n}$。可见，动量也是量子化的。把电子的轨道半径跟电子的动量乘起来则得到电子的角动量 (沿 z 轴的分量)

$$l_z = mvr = n\sqrt{\frac{me^4}{2hcR_h}} \tag{2.9}$$

所以，角动量也是量子化的，而且是某个常数 (上式中的根号项) 的整数倍！

　　玻尔仔细地算了算这个常数。当年世界上对电子质量 m、光速 c、普朗克常量 h 以及里德伯常量 R_h 的测量值都不是很准确，根据这些不太准确的数值算出来的常数 (上式中的根号项) 是个很小的数，其数量级竟然跟普朗克常量 h 的数量级是一样的，但是数值明显不同, 后者大约是前者的 6.3 倍 (具体数值不详)。不难猜测，伟大的物理学家玻尔这时发挥了他惊人的天才想象力，这个倍数不应该是一个这么难看的数值，既然它非常接近 2π，那就应该是准确的 2π！于是玻尔提出了他最重大的第三假设：

　　(3) 角动量为 $\hbar$ 的整数倍，即

$$l_z = mvr = n\hbar, \quad \hbar = \frac{h}{2\pi}, \quad n = 1, 2, 3, \cdots \tag{2.10}$$

　　玻尔根据他这三个假设，就可以很容易地倒推回去，得出里德伯经验公式。而且令式 (2.9) 中的根号项等于 $\hbar$ 就可以得

到里德伯常量 R_h 这个实验测量值!

$$R_h = \frac{2\pi^2 m e^4}{h^3 c} \approx 109737 \mathrm{cm}^{-1} \qquad (2.11)$$

这个数与里德伯常量的实验值 $109678\mathrm{cm}^{-1}$ 符合得非常好 (注: 在国际单位制下, 上面这个公式还要多一个因子 $k^2, k = 9 \times 10^9 \mathrm{N} \cdot \mathrm{m}^2/\mathrm{C}^2$), 所以玻尔的理论一经发表立即轰动了世界。玻尔的氢原子能级和光谱如图 2.11 所示。

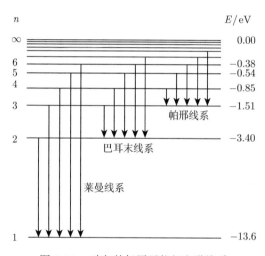

图 2.11 玻尔的氢原子能级和谱线系

这就是玻尔 1913 年基于普朗克和爱因斯坦的量子假说提出的氢原子的量子轨道模型[①], 这一年玻尔 28 岁。玻尔因创立这个模型获得了 1922 年诺贝尔物理学奖。量子论就从普朗克的能量子假说、爱因斯坦的光量子假说到玻尔的量子轨道模型逐渐茁壮成长起来。

① N. Bohr, Philosophical Magazine, **26**, 1(1913).

有意思的是，角动量的量子化其实早在十多年前就已经被物理学大师洛伦兹在解释塞曼效应的时候提出来了：塞曼效应的谱线分裂是因为原子磁矩的空间取向是分立的。玻尔的假设是关于角动量的空间取向的，因为电子在轨道平面上的角动量就是角动量的 z 分量，而磁矩跟角动量有一个简单的正比关系。但洛伦兹当时并不知道磁矩量子化的具体数值。

现在玻尔确定了角动量量子化的单位是 $\hbar$。$\hbar$ 是个很神奇的常量。普朗克和爱因斯坦用它作为能量量子的比例系数，现在又成了角动量量子。量纲分析常常是非常有启发性的。$\hbar$ 的量纲是能量和时间的量纲的乘积，即 $[\hbar]=$[能量][时间](注：方括号表示量纲)。由于 [能量]=[质量][速度][速度]=[动量][长度]/[时间]=[角动量]/[时间]。所以，$\hbar$ 和角动量的量纲恰好相同！因此角动量就应该跟 $\hbar$ 联系起来。自然界为什么有 e、c、$\hbar$ 这些常量 (数) 是令人费解的。每个新常量 (数) 的发现都带来科学的一次巨大进步。

不过，以后的量子力学会告诉我们，玻尔的角动量量子化假设并不完全正确。玻尔模型也无法说清楚为什么电子只能待在确定的能级上。玻尔模型更重要的意义在于激发了一批年轻物理学家来建立原子的量子理论。

玻尔是继卢瑟福之后又一位伟大的学术带头人。玻尔以自己卓越的成就和宽大的胸怀，吸引了一批年轻的开拓者，包括海森伯、薛定谔、泡利、狄拉克等。正是这些年轻人开启了量子力学的大门。玻尔对量子力学的建立起到了关键性的领头人作用。

2.5 爱因斯坦——受激辐射

前面讲过，爱因斯坦在 1905 年提出了光量子假说，把普朗克的能量子假说提升到了新的高度。那一年，爱因斯坦还创立了另一个重大的科学理论，即狭义相对论。1915 年，爱因斯坦又创立了广义相对论。我们略过这两个理论以免跑题。这里值得一提的是爱因斯坦 1916 年提出的受激辐射理论。这个理论为普朗克黑体辐射公式提供了一个新的推导，还为现代激光技术提供了理论基础。激光技术是现代光学技术的一次重大革命。

玻尔在 1913 年提出，原子处于一系列的能级 E_i 上；当原子在任意两个能级 E_2 和 E_1 之间跃迁时，原子就会发射或者吸收光子，光子频率由能级差决定：$\nu = (E_2 - E_1)/h$。根据这个图像，爱因斯坦设想，原子发射光子有两种情况：自发辐射和受激辐射。自发辐射就是原子中的电子从高能级自发地向低能级跃迁而发射光子的过程。受激辐射就是原子在一个外来光子的激励下向低能级跃迁而发射同频率光子的过程。原子的光吸收只能是受激吸收，也就是在外来光子的激励下吸收外来光子的能量向高能级跃迁。这三种过程如图 2.12 所示。

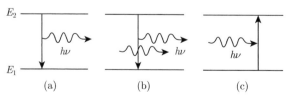

图 2.12 (a) 自发辐射；(b) 受激辐射；(c) 受激吸收

假设占据 E_1 和 E_2 能级的原子数分别为 N_1、N_2，则单位时间内自发辐射、受激辐射和受激吸收的原子数分别为 AN_2、$BN_2u(\nu)$ 和 $CN_1u(\nu)$，其中 A、B、C 三个系数分别与自发辐射、受激辐射和受激吸收的概率有关，同时受激辐射和受激吸收的概率还与辐射场的能量密度 $u(\nu)$ 成正比。达到平衡时，原子的辐射率与吸收率相等，即 $AN_2 + BN_2u(\nu) = CN_1u(\nu)$。于是

$$u(\nu) = \frac{A}{C\dfrac{N_1}{N_2} - B} \tag{2.12}$$

根据经典统计物理的正则系综理论，系统处于状态 i (总粒子数为 N，体积为 V，温度为 T，能量为 E_i) 的概率为 $\rho_i = g_i\mathrm{e}^{-E_i/(kT)}/Z$，其中 g_i 是微观状态数 (简并度)，$Z = \sum_i g_i\mathrm{e}^{-E_i/(kT)}$ 称为配分函数。所以，处于能级 E_1 和 E_2 的原子数之比为 $N_1/N_2 = (g_1/g_2)\mathrm{e}^{(E_2-E_1)/(kT)} = (g_1/g_2)\mathrm{e}^{h\nu/(kT)}$。把它代入式 (2.12)，就得到

$$u(\nu) = \frac{g_2A}{g_1C\mathrm{e}^{h\nu/(kT)} - g_2B} \tag{2.13}$$

爱因斯坦将这个公式跟黑体辐射谱的维恩公式对比，可得系数 g_2A、g_2B、g_1C 的关系，代入式 (2.13) 就得到了普朗克的黑体辐射公式。这是爱因斯坦做的一个推导。

这个推导有一个巨大的副产品，就是受激辐射的概念。爱因斯坦当时可能没料到他这个思想会成为几十年之后激光面世的物理基础。激光器都有一个谐振腔，如图 2.13 所示。谐

振腔里面充有工作物质，如氦和氖等气体。谐振腔两端有反射镜，其中一端 R_2 的反射镜有微弱的透射率。光子在谐振腔两端来回反射，使工作物质不断受激辐射导致光子数雪崩而形成激光在 R_2 射出。激光技术已经被广泛应用在现代通信、信息、精密加工等高科技领域。

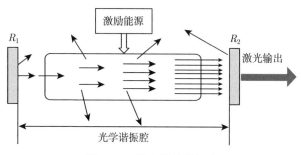

图 2.13　激光器的谐振腔

2.6　康普顿——光子–电子散射

关于光子，我们还要说说 1923 年被实验证实的光子–电子散射。美国物理学家康普顿研究了 X 射线在不同物质 (如石墨、石蜡等) 中的散射，如图 2.14 所示。他发现散射光中除了原波长的 X 射线外，还有波长更长的 X 射线，而且波长的增量随散射角的不同而不同。这个现象现在称为康普顿效应。康普顿感到无法用经典电磁理论来解释这个效应。如果光仅仅是一个电磁波，光波在物质中被吸收，透射出来的光波强度会衰减，但光波的波长是不会改变的。

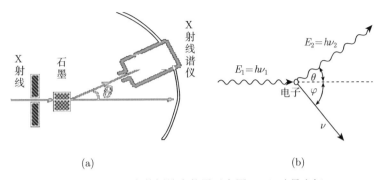

图 2.14 (a) 康普顿效应装置示意图；(b) 动量守恒

康普顿想到了爱因斯坦的光量子假说，光子跟电子碰撞，正如通常的钢球弹性碰撞一样，会发生能量和动量交换。把光子能量 $E = h\nu$ 和质量 $m = 0$ 代入爱因斯坦能量动量关系 $E^2 = p^2c^2 + m^2c^4$，可得光子的动量为 $h\nu/c$。对 X 射线的能量来讲，物质中电子的动能和动量都很小，可忽略。经过 X 射线碰撞，电子获得动能和动量。根据能量守恒和动量守恒可以列出下面三个方程：

$$h\nu + mc^2 = h\nu' + \gamma mc^2 \tag{2.14}$$

$$h\nu/c = \cos\theta(h\nu'/c) + \gamma mv\cos\varphi \tag{2.15}$$

$$\sin\theta(h\nu'/c) = \gamma mv\sin\varphi \tag{2.16}$$

其中，m、v 分别为电子的质量和速率，$\gamma = 1/\sqrt{1 - v^2/c^2}$。第一个方程是能量守恒，第二个和第三个方程是两个垂直方向的动量守恒。求解这几个方程并利用 $\lambda\nu = c$ 可得

$$\lambda' - \lambda \approx \lambda_{c}(1 - \cos\theta) \tag{2.17}$$

其中，$\lambda_c = \dfrac{h}{mc} = 0.024\text{Å}$ 称为电子的康普顿波长。可见，X 射线的波长随着散射角的增加而变长。这个理论结果跟实验结果完全一致。所以，这个实验直接验证了光子的存在。康普顿因为发现并解释这个效应获得了 1927 年诺贝尔物理学奖。

康普顿效应显示出来的康普顿波长有很重要的物理意义。人们一般认为，一个电子的空间位置有个最小的涨落，涨落的范围大约就在电子的康普顿波长之内。1935 年，日本物理学家汤川秀树提出了一个核力的介子交换模型，核子之间的吸引势按照介子的康普顿波长指数衰减：$\dfrac{1}{r}\mathrm{e}^{-r/\lambda_c}$。这个吸引势跟库仑势很相似，只不过包含一个指数衰减因子。由于核力的力程大约为 2fm ($1\text{fm}=10^{-15}\text{m}$)，令 $\lambda_c = 2\text{fm}$，可以估算出介子的质量为电子质量的 270 倍左右。很幸运的是，1947 年鲍威尔在宇宙射线中发现一种新粒子，质量跟汤川秀树预言的介子差不多。所以，1949 年汤川秀树成为第一个获得诺贝尔物理学奖的日本人。不过，从夸克层次来看，核力应该是由量子色动力学所构造的胶子传递的。介子并不是真正的核力媒介。

以后我们还将知道，电子和正电子相遇会湮灭为两个或两个以上的光子。当两个静止的正负电子湮灭为两个光子，由于能量守恒，$2mc^2 = 2h\nu = 2hc/\lambda$，于是，两个光子的波长 $\lambda = h/(mc)$，正是康普顿波长！

以前讲的光电效应是光子把材料中的电子打出来，光子将一部分的能量转化为电子的动能。现在的康普顿效应仍然是光子和电子之间的散射，能量和动量在光子和电子之间转移。康普顿效应只是进一步证实了光子的粒子性。量子论理论家在玻尔模型出世之后就已经对量子论信心百倍。不过，康普顿效应表达了一个重要事实：光子是作为一个带有能量 $h\nu$ 和动量 $h\nu/c$ 的整体跟电子碰撞的。

2.7　玻色——全同粒子

玻色 1924 年开创的全同粒子观念虽然对量子力学的建立没有直接贡献，但对日后的量子力学的应用有重大作用。

微观粒子具有质量、电荷、自旋、寿命等内禀性质。具有相同内禀性质的粒子就称为全同粒子。全同的意思就是这些粒子不可区分。比如所有的电子具有相同的质量、电荷、自旋和寿命，所以是不可区分的全同粒子。各种微观粒子都是全同粒子。可是，这个认识在玻色之前是没有的。人们总觉得，两个全同粒子至少在位置上可以区分。所以，历史上玻尔兹曼、麦克斯韦等热力学统计物理先驱都是以粒子可区分为前提来建立他们的统计分布律的。但是，在微观粒子系统中，我们实际上很可能无法通过位置来区分两个全同粒子，因为粒子之间的碰撞导致粒子完全混在一起而无法区分。现在我们知道，我们实际上根本不可能跟踪一个微观粒子的轨迹 (当时人们还不知道微观粒子其实没有轨迹)。我们可以测量大量全同粒子在某空间体积内出现的概率，但无法知道是哪几个粒子进入了这个空间体积。

人们对全同粒子的认识来自玻色的一次"错误"论证。这个"错误"可用一个简单的例子来说明。把两枚硬币多次同时上抛，落地后两枚硬币的正反面朝上有 4 种可能的组合：正正，正反，反正，反反。每种组合出现的概率相同，都是 1/4。这是我们非常肯定的，因为两枚硬币可区分。这个结论也可通过千万次上抛来检验。上抛的次数越多，每个组合出现的概率越接近 1/4。比如上抛一万次，每个组合出现的次数会非常接近 2500 次。但是，如果两枚硬币不可区分 (当然这不是事实)，你就无法区分"正反"和"反正"这两种组合。这时，可能的组合只有 3 种：正正，一正一反，反反。三种组合出现的概率都是 1/3! 可见，不可区分的概率分布跟可区分的情况是很不同的。之所以说这是个"错误"论证是因为两个硬币总是可以区分的，比如你可以用眼睛一直盯住两枚硬币，严格区分两枚硬币的 4 种正反面组合。但是，对于微观粒子我们就不一定能做到。比如一个氦原子内的两个电子，我们就无法区分这两个电子，它们只是按照一定的概率分布在氦核周围。

1920 年前后，量子论思想传到了印度。在大学做讲师的玻色 (图 2.15(a)) 对量子论非常感兴趣，经常在各地宣讲普朗克的黑体辐射公式和爱因斯坦的光量子假说。他看出普朗克的能量子思想跟爱因斯坦的光量子假说不一样，就想找到一种更合理的方式推导黑体辐射公式。他分析了前人使用的统计理论，觉得存在一个普遍的错误，就是大家都没注意到微观粒子的不可区分性。于是，他以光子不可区分为前提推导出一个新的统计分布，一下子就非常直截了当地得到了普朗克的黑体辐射公式。玻色写了一篇论文投给印度的学术刊物。可是，各刊物的评审专家都觉得他的"错误"太明显，拒绝发表他的论文。于是，玻色就把论文寄给当时已经大名鼎鼎的爱因斯坦。爱因斯坦看了之后觉得玻色的观点非常有价值，玻色的推导比他自己几年前的受激辐射的推导还要漂亮，就主动把玻色的论文翻译为德文投给当时影响很大的《德国物理学刊》。1924 年，玻色的论文发表了。玻色很快受到当时物理学界一些重量级人物的关注，不久就受邀前往欧洲访学。他在欧洲逗留了两年，先后在德布罗意、居里夫人及爱因斯坦等身边工作。玻色的新思想成为日后量子统计的开端。

玻色生于印度西孟加拉邦的加尔各答。他的父亲曾任职于东印度铁路公司工程部。玻色就读于加尔各答的知名学府印度教学校和院长学院。毕业后玻色于 1911~1921 年任加尔各答大学物理学系讲师，1921 年转到当时成立不久的达卡大学物理学系任讲师。1926 年玻色从欧洲访学归来回到达卡，直接升任教授兼物理学系主任。

(a)　　　　　　　　(b)

图 2.15　(a) 玻色照片；(b) 玻色子和费米子在能级上分布

我们先看看玻尔兹曼、麦克斯韦在 19 世纪中叶创立的一种分布律。考虑一个由大量可区分粒子组成的近自由粒子系统 (比如气体分子系统)。粒子分布在不同能量态 $\epsilon_i(i=1,2,3,\cdots)$ 上，每个能量态 ϵ_i 上有 g_i 个微观状态 (以后称为简并度)，设每个能量态上占据的粒子数密度为 n_i。玻尔兹曼等推导出一个概率最大的分布为

$$n_i = \frac{g_i}{\mathrm{e}^{(\epsilon_i-\mu)/(kT)}} \qquad (2.18)$$

其中，μ 称为化学势。这个分布律现在称为玻尔兹曼分布。

玻色在他寄给爱因斯坦的文章里根据微观粒子的不可区分性提出了一个新的分布律 (称为玻色–爱因斯坦分布)[①]

$$n_i = \frac{g_i}{\mathrm{e}^{(\epsilon_i-\mu)/(kT)}-1} \qquad (2.19)$$

这个分布适用于玻色子组成的系统 (玻色系统)，见图 2.15(b)。后来人们知道玻色子是自旋为整数的粒子，如光子、介子等。由于粒子数必须大于 0，玻色系统的化学势必须小于系统所有的能量值，即 $\mu < \epsilon_i$。

对于光子气体，根据爱因斯坦的光量子假设 $\epsilon = h\nu$，光子能量可以低到 0，所以化学势 $\mu = 0$。再根据狭义相对论的能量动量关系 $\epsilon = cp$ (光子质量为 0) 以及光速与频率和波长的关系 $c = \nu\lambda$，求出单位体积内的简并度 $g_i = \dfrac{\omega^2}{\pi^2 c^3}$，代入玻色分布即得普朗克当年发现的黑体辐射公式。玻色犯的统计"错误"，正好得到了这个正确结果。所以，玻色确信自己的发现

---

① S. N. Bose. Zeitschrift für Physik, **26**,178-181 (1924).

是正确的。可见，黑体辐射公式是爱因斯坦光量子的玻色分布的结果，而不是由普朗克的谐振子能量量子化产生的。

玻色系统有一个极其特别的凝聚现象。注意式 (2.19)，由于 $\mu < \epsilon_i$，随着温度 T 下降，如果化学势 μ 不变，分母上的指数项 $e^{(\epsilon_i - \mu)/(kT)}$ 会越来越大，则每个能级上的粒子数都越来越少，总粒子数就不能保持守恒。所以，化学势 μ 必须随温度下降而升高才能保持总粒子数不变。但是，μ 最大也不能超过最低的能级 ϵ_0 (否则粒子数密度 n_i 出现负值)。于是，当温度下降到某个临界温度 T_c 时，μ 到达 ϵ_0，此时最低能级的分布函数的分母为 0，粒子数为无穷大，即所有粒子都转移到最低的能级 ϵ_0 上。通常，最低能级的能量为 0，动量为 0，熵也为 0。这种状态称为玻色-爱因斯坦凝聚 (BEC)，是物质在气态、固态和液态之外的一种新物态。这是爱因斯坦在收到并发表玻色的论文之后发现的。

BEC 具有非常独特的物理性质。1937 年卡皮查观察到的液氦的超流性，正是这样的一种凝聚现象。超流体可以无阻尼地流过很细的管道。把一个空杯子放入装有液氦的缸里，在 2.17K 温度以下，液氦可以从杯子外壁爬进杯子里去，如图 2.16(a) 所示。麻省理工学院的克特勒与科罗拉多大学博尔德分校的康奈尔和维曼使气态的铷原子在 $T_c = 1.7 \times 10^{-7}$K 的低温下发生了玻色-爱因斯坦凝聚，如图 2.16(b) 所示，三人共享 2001 年诺贝尔物理学奖。BEC 至今仍然是国际上凝聚态物理方面的研究热点。

顺便说一下，1926 年，在泡利发现了另一类粒子 (费米子，即自旋为半整数的粒子) 遵守泡利不相容原理之后，费米和狄拉克各自独立地提出了费米子所满足的费米–狄拉克分布律 (称为费米–狄拉克分布)

$$n_i = \frac{g_i}{e^{(\epsilon_i - \mu)/(kT)} + 1} \tag{2.20}$$

虽然这个分布跟玻色–爱因斯坦分布的区别仅在于分布函数分母上的 ±1，但画出图来，差别就非常显著，见图 2.15(b)。图中三条曲线分别是低温下麦克斯韦–玻尔兹曼分布、玻色–爱因斯坦分布和费米–狄拉克分布的函数曲线。随着温度上升，三种分布趋于一致。

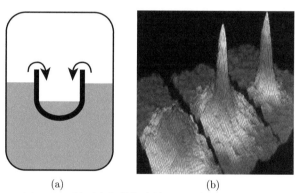

(a)   (b)

图 2.16　(a) 2.17K 以下液氦的超流性；(b) 铷原子的玻色–爱因斯坦凝聚

(b) 中横轴是 xy 平面上的动量，纵轴是粒子数；左边 $T > T_c$，中间 $T = T_c$，右边 $T < T_c$

　　费米子就是自旋为半整数的粒子，如电子、质子等。费米子组成的系统称为费米系统。费米系统的化学势确定了一个费米能 ϵ_F。当温度为 0K 时，费米子可以占据费米能以下的所有能级，而费米能级以上没有粒子占据，而且每个状态最多只容许一个费米子占据 (泡利不相容原理)。当温度大于 0K 时，费米能以下的能级上出现少量空穴，费米能以上的能级上也有少量粒子。

第 ❸ 章

波动力学创立

3.1 德布罗意——物质波

玻尔为了克服卢瑟福的核式结构原子模型的不稳定，提出了原子的量子轨道模型，用能级和跃迁解释了氢原子的光谱，用角动量量子化找到了氢原子能级的能量公式。这个解释虽然很成功，但很难推广到其他原子。所以，玻尔的模型肯定还不是故事的终点。从普朗克的能量子假说到爱因斯坦的光量子假说，再到玻尔的量子轨道模型，量子论一步步向前迈进。量子力学就要诞生了。路易·维克多·德布罗意提出的物质波的革命性思想直接催生了量子力学！

德布罗意 (图 3.1(a))1892 年生于法国滨海塞纳省迪耶普地区的一个贵族家庭。德布罗意的父母早逝，长兄是个实验物理学家。德布罗意从小就酷爱读书，中学时代显示出文学才华，18 岁进入大学学习历史，后来又转攻法律，1910 年在巴黎索邦大学获得文学学士学位。1911 年，德布罗意听到了关于辐射的量子思想的讨论，对物理学产生了兴趣。特别是庞加莱的两本巨著，《科学与假设》和《科学的价值》，让他感到物理学才是自己的最爱，于是德布罗意就开始研读理论物理，并于1913 年获得了理学学士学位。大学毕业后，正好碰上第一次世界大战爆发，德布罗意不得不到军队服役。5 年后德布罗意退役，并于 1919 年进入巴黎索邦大学攻读物理学博士学位。一颗科学的种子没有在战争中毁灭，这是人类的万幸。

(a)　　　　　　　　　(b)

图 3.1　 (a) 德布罗意照片；(b) 氢原子的电子驻波

1923 年，31 岁的德布罗意完成了博士论文。这已经是玻尔提出原子的量子轨道模型的 10 年之后，也正是康普顿用实验验证光子–电子散射的时候。德布罗意在博士论文中提出了物质波的重要思想。他的思路大概是这样的：在电磁理论中，光无疑是一种电磁波。但爱因斯坦的光量子论又表明，光波的能量以 $h\nu$ 为单位，以光子的形式存在。也就是说，光波具有粒子性。于是，德布罗意的逆向思维发酵了：既然一种波动可以具有粒子性，反过来，实物粒子 (如电子、质子等) 也应该具

有波动性。所以，他觉得任何微观粒子都应该同时具有波动性
和粒子性，即所谓波粒二象性。德布罗意写完博士论文，提交
给当时有名的物理学家朗之万，朗之万对德布罗意的思想拿不
定主意，就送给爱因斯坦看看。爱因斯坦看后觉得德布罗意的
思想很有价值，朗之万才接受了德布罗意的论文。德布罗意的
思想后来发表在几篇划时代的论文里[①]。

德布罗意想到，如果电子也具有波动性，一个匀速运动的
自由电子就跟一个平面波 $Ae^{i(\boldsymbol{k}\cdot\boldsymbol{r}-\omega t)}$ 相联系，其中 $\boldsymbol{k}$ 称为波
矢，其大小为 $k=2\pi/\lambda$，其方向指向电子的运动方向，ω 是波
动的角频率。这个平面波被后人称为物质波，或者德布罗意波。
一个平行光波也是用这个平面波描写的。

对于真空中的光波来讲，根据爱因斯坦的狭义相对论，光
子的能量和动量满足 $E=cp$；另外，爱因斯坦光量子论又认
为光子的能量 $E=\hbar\omega$ (注意，这个表达式跟 $h\nu$ 是一样的，因
为角频率和波长的关系是 $\omega=2\pi\nu$，另外 $\hbar=h/(2\pi)$)，于是
我们就有一个简单的波矢和动量的关系 $\boldsymbol{p}=\hbar\boldsymbol{k}$。波矢 $\boldsymbol{k}$ 是描
写波动性的，而动量 $\boldsymbol{p}$ 是描写粒子性的。这个关系把光子的波
动性和粒子性联系起来了。

对一个实物粒子来讲，情况有点不同[②]。按照爱因斯坦
的狭义相对论，实物粒子的能量为 $E=\gamma mc^2$，其中 $\gamma=$
$1/\sqrt{1-v^2/c^2}$，而动量为 $p=\gamma mv$。如果一定要让一个实物

---

① L. V. de Broglie, Comptes Rendus, **177**, 507(1923); Philosophical Maga-
zine, **47**,446 (1924); Annales de Physique, **3**, 22(1925).

② E. H. 威切曼，复旦大学物理系译，《量子物理学》，p226(1978)。

粒子与一个波相联系，最多也只能是与一个波包相联系。而波包是由多个平面波叠加而成的。波包具有群速度 $v = \dfrac{\mathrm{d}\omega}{\mathrm{d}k}$，也就是波包的峰值传播的速度，相当于粒子本身的速度。令实物粒子的总能量等于普朗克能量子，$\hbar\omega = E = \gamma mc^2$。为了把粒子的速度跟波包的群速度联系起来，先两边对 v 求导数，$\hbar\dfrac{\mathrm{d}\omega}{\mathrm{d}v} = \gamma^3 mv$。于是，$\hbar\dfrac{\mathrm{d}\omega}{\mathrm{d}v} = \gamma^3 m\dfrac{\mathrm{d}\omega}{\mathrm{d}k}$。这个式子有点意思了，消掉变量 ω 得 $\hbar\mathrm{d}k = \gamma^3 m\mathrm{d}v$。两边再对 v 积分，得到 $\hbar k = \gamma mv = p$。非常神奇的是，这个结果竟然跟光波的情况是一样的！由于 $k = 2\pi/\lambda$，德布罗意立即意识到，所有的粒子，无论是光子还是实物粒子，都有一个同样的波长–动量关系 (称为德布罗意关系)

$$\lambda = \frac{h}{p} \tag{3.1}$$

也就是说，任何粒子都对应一个物质波，物质波的波长由粒子的动量决定。这就是德布罗意的物质波假说。这是个灵感，正确与否只能用实验来检验。这个公式的左边代表波动性，右边代表粒子性，是微观粒子的波粒二象性的集中体现。

　　德布罗意这个波长–动量关系实际上也可以直接从 $\hbar\omega = \gamma mc^2$ 更简单地推导出来，也就是实物粒子的总能量等于物质波的一个能量子，正如爱因斯坦的光子假设一样。自然界所有的粒子都具有这样一个普适的量子形式是一件极不平凡的事。

　　另外，$\hbar\omega = \gamma mc^2$ 是把物质波的能量子跟粒子的相对论性总能量对等的，而不是跟牛顿力学的动能对等。量子力学一开始是跟狭义相对论结合在一起的，而后来的量子力学却还是从非相对论开始的。

在德布罗意的物质波图像下，玻尔的角动量量子化条件有了更直观的解释。把物质波的德布罗意关系 $\lambda = h/p$ 代入玻尔量子化条件 $l = rp = nh/(2\pi)$，可得 $2\pi r = n\lambda$。也就是说，氢原子的电子圆周轨道的周长正好是电子波长的整数倍，即电子在圆周轨道上形成驻波，如图 3.1(b) 所示。驻波构成了电子的稳定轨道！

我们来想象一下宏观世界的物质波。对于一颗飞行的子弹，由于子弹的动量非常大，算出的物质波波长会非常短，短到无法观测。比如一颗质量为 1g 的子弹以速度 1000m/s 飞行，算出动量 p 代入德布罗意公式得到波长 $\lambda = 6.6 \times 10^{-34}$m (比一个原子还小 20 多个数量级)。要观察波长这么短的波，我们需要用一个跟这波长差不多大小的小孔或者障碍物来做干涉或衍射实验。可是，这么小的孔或者障碍物怎能做出来？即使做出了这样的小孔来，一颗子弹也无法穿过去。你可能会设想几乎静止的子弹，比如速度为 10^{-25}m/s。这样的物质波的波长只有 10^{-6}m 量级，跟可见光差不多。但是，由于热运动，子弹实际上也很难静止到这样的程度。所以，对宏观物体而言，物质波是没意义的。

但是对于电子这样的微观粒子，物质波就是可以观察的。比如一般速度的电子的物质波波长可达 10^{-10}m，跟晶体的晶格间距差不多。所以，我们应该能观察到电子在晶体上的衍射。德布罗意当年在做博士论文答辩的时候，被评委提问怎么观察物质波，他就用这样的衍射做了回答。1927 年电子的晶体衍射果然被实验观察到了，是由美国实验物理学家戴维森、革末和英国实验物理学家 G. P. 汤姆孙完成的。他们用电子束入射到镍晶体上，出射的电子形成了衍射图样，而且衍射图谱和 X 射线衍射的布拉格定律 $(2d\sin\theta = n\lambda)$ 所预测的结果一模一样，如图 3.2 所示。可见，电子的波动行为跟 X 射线这样的电磁波的波动行为没什么两样。这是物质波的直接证据。

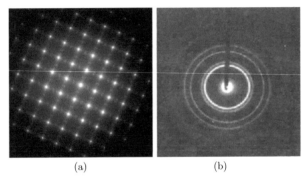

| (a) | (b) |

图 3.2　(a) 晶体表面的电子衍射；(b) 晶体粉末的电子衍射

这是个令人惊讶的结果。德布罗意的一个非常粗浅的灵感，竟然揭示了微观世界惊人的物理规律。这是灵感的力量！德布罗意因物质波假说获得了 1929 年诺贝尔物理学奖。戴维森和 G. P. 汤姆孙则因为电子在晶体上的衍射实验获得了 1937 年诺贝尔物理学奖 (注：这个 G. P. 汤姆孙是前面章节介绍过的发现电子的 J. J. 汤姆孙之子)。

电子衍射已经成为现代材料学的一种测量材料结构的重要技术，比如低能电子衍射 (LEED) 可用于测量材料的表面结构。今天具有最高显微能力的扫描隧道显微镜，也是利用了电

子的波动性 (隧道穿透效应)。慢中子也能在晶体上发生衍射，是中子的波动性的表现。由于中子与原子的相互作用很弱，中子能深入到晶体内部。所以，中子衍射是测量晶体内部结构的有效方法。

值得注意的是，物质波的德布罗意波长可以从衍射实验结果通过布拉格定律 ($2d\sin\theta = n\lambda$) 推出来，但是，物质波的频率却从没有被实验直接测量出来。现在看来，物质波的频率是不可观测的。如果把能量 $E = h\nu$ 跟德布罗意波长 $\lambda = h/p$ 联立起来，则物质波的相速度为 $u = \nu\lambda = E/p$。由于 $E = \sqrt{c^2 p^2 + m^2 c^4}$，则 $u = \sqrt{c^2 + m^2 c^4/p^2}$。可见，物质波的相速度 u 是超光速的。而且，当动量接近 0 时，相速度趋向无穷大。这是很神奇的事！

另外，德布罗意在提出物质波假说之后不久还注意到，他这个物质波假说跟爱因斯坦的狭义相对论的某些结论竟然不谋而合！只要假设物质波的相位是个不变量，即物质波的相位在两个惯性参考系上相同，就可以推导出洛伦兹变换的时间分量。设物质波的相位是 $\boldsymbol{k} \cdot \boldsymbol{r} - \omega t$。在一个相对于粒子静止的惯性参考系中 $k = 0$，相位是 $-\omega' t'$。令两个相位相等，$\boldsymbol{k} \cdot \boldsymbol{r} - \omega t = -\omega' t'$，再把狭义相对论的能量 $E = \gamma m c^2$ 和动量 $p = \gamma m v$ 以及量子假设 $\hbar\omega = E$、$\hbar\omega' = mc^2$ 和德布罗意假设 $p = \hbar k$ 代入上式，就得到 $t' = \gamma(t - \boldsymbol{v} \cdot \boldsymbol{r}/c^2)$。这正是狭义相对论的洛伦兹变换的时间分量！物质波在两个惯性系中相位相同，曾被称为相位和谐原理。

3.2 薛定谔——波动力学

量子论的思想经过 20 多年发酵，到了酿出美酒的时候。

首先建立量子力学方程的是海森伯。他在 1925 年提出了一种所谓的矩阵力学来描述力学量 (如动量、角动量、能量等可观测量) 随时间的演化[①]。据说当时海森伯对数学中的行列式都还不熟悉，他没有注意到他的理论跟矩阵的联系。把他的理论称为矩阵力学是因为玻恩等人的工作。他们发现，海森伯的理论可以表述为矩阵形式。这个矩阵力学比较抽象，这里不便多说，有兴趣的读者可参考附录一。

薛定谔 (图 3.3(a)) 的思路比较直观。在此之前，德布罗意提出了物质波假说。在一次学术会议上，薛定谔介绍德布罗意的物质波。听报告的德拜 (1936 年诺贝尔化学奖得主) 提出，任何波都应该有个波动方程。这话一下子点醒了薛定谔，他就打算为物质波造一个方程。

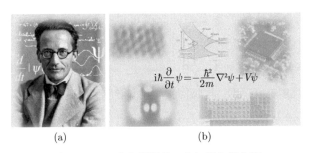

(a)   (b)

图 3.3   (a) 薛定谔照片；(b) 薛定谔方程

我们熟悉的波动方程有如长度为 l 的弦上的波动方程

---

① W. Heisenberg,Zeitschrift fur physik, **43**,172(1927).

$\partial_t^2 y - u^2 \partial_x^2 y = 0$，其中 ∂_t^2 表示对时间的二次偏导数 (多元函数对其某个自变量的导数)，∂_x^2 表示对坐标 x 的二次偏导数。如果弦两端固定，这方程有驻波解：$y_n(x,t) = A \sin\left(\dfrac{n\pi}{l} x\right) \cos(\omega_n t + \phi_n)$，其中 n 为整数，ϕ_n 称为初相位。驻波解中的 $\sin\left(\dfrac{n\pi}{l} x\right)$ 保证驻波在弦两端为 0。不同的 n 给出不同的频率和波长。可见，一个宏观的弦上驻波的波长 $\lambda_n = \dfrac{2l}{n}$ 是离散的，如图 3.4(a) 所示。驻波上有一些点是一直不动的，两端点除外的不动点称为节点，其他点都在上下起伏。实际的驻波还可以是这些不同频率和波长的驻波成分的任意比例的叠加。小提琴和钢琴的琴弦就是这样振动发声而具有优美的谐音。前面的章节我们已经看到，玻尔的角动量量子化正是原子外围电子的德布罗意波在圆周轨道上形成驻波的反映，见图 3.1(b)。因此，物质波跟宏观的机械波有某种共同性。

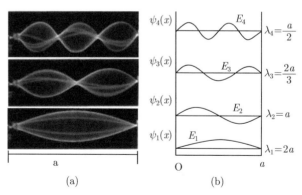

图 3.4　(a) 两端固定的弦上的驻波；(b) 方势阱中的能级和波函数

　　按照德布罗意的物质波假说，一个自由粒子的物质波应该具有像光波一样的平面波波函数 $\psi = Ae^{i(kx-\omega t)}$，其中波矢大小为 $k = 2\pi/\lambda$，λ 是波长，ω 是角频率。这个复数形式的选择是神来之笔！这事在当时也许纯属偶然，但是后来发现这个复数形式是量子世界的必需！在此之前，人们用这个复数形式的波函数表示一个行波完全是为了计算的方便，计算完了之后直接丢掉虚部取实部。

1925 年，薛定谔受德拜的提醒，决定为物质波创造一个波动方程。他最初想利用狭义相对论的能量-动量关系 $E^2 = c^2p^2 + m^2c^4$ 来创造方程。据说他的确得到了一个相对论性的波动方程。我们来设想一下他当时会怎么做。把上述平面波 $\psi = Ae^{i(kx-\omega t)}$ 对时间取两次导数就得到 $-\omega^2\psi$，对空间坐标 x 取两次导数就得到 $-k^2\psi$。由于 $\hbar\omega = E, \hbar k = p$，把狭义相对论的能量-动量关系中的 E^2 和 p^2 分别换成时间的两次导数和空间的两次导数 (乘 $-\hbar^2$)，就能得到一个方程，即 $-\hbar^2\partial_t^2\psi = [-\hbar^2c^2\partial_x^2 + m^2c^4]\psi$。这个方程后来被克莱因和戈尔登重新发现了。我们将知道，这是个正确的量子力学波动方程，是玻色子所满足的方程。可是，薛定谔当时觉得这个方程并不能告诉我们比德布罗意波更多的信息 (其实是有的)，所以没什么用处。因此薛定谔就放弃了它，并转向低速的非相对论的情况。

薛定谔一开始尝试并发表了多种波动方程的版本，最后才找到正确的波动方程。我们来模拟一下怎么创造一个波动方程。自由粒子的动能为 $E = p^2/(2m)$。仿照普朗克能量子假说，让物质波的能量 $E = \hbar\omega$，则平面波的波函数可以改

为 $\psi(x,t) = Ae^{\mathrm{i}(kx-Et/\hbar)}$。对这个平面波求一次时间导数得到 $-\mathrm{i}E/\hbar$ 就有了能量 E，但多出一个虚数因子 $-\mathrm{i}/\hbar$。所以，可以在时间导数前用 $\mathrm{i}\hbar$ 来抵消这个虚数因子。另外，动能可以通过坐标导数得到，因为 $\partial_x^2 \psi(x,t) = -k^2 \psi(x,t)$，有了波矢 k 就可由德布罗意关系得到动量 $p = \hbar k$，从而得到动能 E. 这样，我们就找到了一个波动方程 $\mathrm{i}\hbar\partial_t\psi(x,t) = -\dfrac{\hbar^2}{2m}\partial_x^2\psi(x,t)$。方程的左边给出能量 E，右边给出粒子的动能 $p^2/(2m)$。对自由粒子而言，这是合理的，正好有平面波解，但这个方程仍是个不提供新信息的平庸方程。

薛定谔的伟大创造在于他考虑到粒子除了具有动能还可以有势能，所以，上述方程的右边需要补上粒子的势能项 $V(x)$。于是薛定谔几经努力最后找到了如下波动方程：

$$\mathrm{i}\hbar\partial_t\psi(x,t) = \left[-\frac{\hbar^2}{2m}\partial_x^2 + V(x)\right]\psi(x,t) \qquad (3.2)$$

其中，$\psi(x,t)$ 称为波函数，或者态函数。这个方程现在被称为薛定谔方程，代表了量子力学波动力学的建立，具有划时代的物理意义。把方程中 ∂_x^2 换成 $\nabla^2 = \partial_x^2 + \partial_y^2 + \partial_z^2$ 就得到了三维的薛定谔方程 (图 3.3(b))。不过，这时候薛定谔还不太懂得这方程的含义，特别是波函数 $\psi(x,t)$ 的含义，当时也没人讲得清。

量子力学就这样诞生了！量子力学的车轮从此滚滚向前，开创了现代物理学新时代。

薛定谔 1887 年出生于维也纳。他的父亲是一位天主教的信徒，而母亲是一位路德教派的信徒。薛定谔在幼年时期深受哲学家叔本华的影响，阅读了叔本华的很多著作。他的一生对色彩理论、哲学、东方宗教特别是印度教深感兴趣。薛定谔母亲有一半的奥地利血统和一半的英国血统。父母在家有时讲德语有时讲英语，因而他也能讲这两种语言。薛定谔 1906~1910 年在维也纳大学学习物理与数学，不久便获得了博士学位。毕业后他在维也纳物理研究所做研究助手。1914~1918 年薛定谔参加了第一次世界大战，在一个炮兵要塞服役，还利用闲暇时间研究理论物理。战后薛定谔在耶拿大学、斯图加特大学、布雷斯劳大学和苏黎世大学教书，并于 1926 年提出了重大的量子力学波动方程——薛定谔方程。薛定谔因此方程与后来创立相对论性波动方程的狄拉克分享了 1933 年诺贝尔物理学奖。1927 年薛定谔迁往柏林，接替普朗克在柏林大学担任理论物理学教授，并当选为普鲁士科学院院士。1933 年纳粹党上台后，薛定谔离开德国移居英国，在牛津大学马格达伦学院担任访问学者。1939 年薛定谔迁往爱尔兰都柏林，在都柏林高级研究所工作。1944 年薛定谔出版了一本《生命是什么》的跨领域科普著作，提出了生命依赖负熵而生存的著名论断，成为后来的普里高津 (1977 年诺贝尔化学奖获得者) 创立耗散结构理论的重要思想来源。1956 年薛定谔返回维也纳，在维也纳大学理论物理研究所教学和研究直到 1961 年去世。他的墓碑上刻着他创立的量子力学波动方程。

3.3 薛定谔方程的简单应用

我们现在用一点点简单的数学来感受一下薛定谔方程的奇妙。假设一个粒子被封在一个一维的无穷深的势阱里，势阱宽度为 a, 如图 3.4(b) 所示。势阱无穷深意味着其中的粒子完全不能从这个势阱中逃逸。那么，这个粒子的波函数在势阱边界上就应该为 0 (这就是边界条件). 这个情况相当于前面讲的两端固定的弦。我们来推导一下。因为在势阱中 $V(x) = 0$，薛定谔方程 (3.2) 具有如下形式的波动解：

$$\psi_n(x,t) = A \sin\left(\frac{n\pi}{a}x\right) e^{-iE_n t/\hbar}, \quad n = 1, 2, 3, \cdots \quad (3.3)$$

其中，E_n 为粒子的能量, $E_n = \dfrac{\hbar^2}{2m}\left(\dfrac{n\pi}{a}\right)^2$, 因子 A 称为归一化因子。由于 n 取正整数，E_n 取一些分立的值，所以是量子化的。上面这些波函数既满足薛定谔方程又同时满足 $\psi_n(0,t) = \psi_n(a,t) = 0$ 的边界条件。这正是无穷深势阱的要求。最低几个能级和波函数的空间部分如图 3.4(b) 所示。可见，除了复数形式的时间因子以外，这些驻波解与前面讲的两端固定的弦的驻波解完全相同。

从这个驻波解可以看出，无穷深势阱中的粒子的能量是量子化的。这是束缚态的普遍特征。这些量子化的能量称为能级。特别是，能级的高度与势阱宽度的平方成反比，说明势阱越窄，能级离散得越厉害，也就是量子化现象就越显著。这也正是量子现象出现在微观世界的原因。另外，当粒子从高能级向低能级跃迁的时候，就有能量释放出来。显然，释放的能量等于能

级差 $h\nu = E_i - E_j$。反过来，粒子吸收能级差的能量就可以从低能级向高能级跃迁。在这里我们看到了玻尔设想的氢原子能级的影子。玻尔的硬性规定现在成了理论的自然结果。

如果势阱不是无穷深，粒子就有一定的概率处于势阱外面。所以，在有限深势阱里，粒子的波函数可以延伸到势阱外并逐渐衰减为 0。

一般来讲，如果粒子是被势场 $V(x)$ 束缚的，那么，薛定谔方程解出的能级就是分立的，$E_1, E_2, E_3, \cdots$。每个能级对应的波函数 $\psi_n(x,t)$ 都在某个有限的边界处或者无穷远处趋向 0。这样的状态称为束缚态。如果粒子从外部进入一个势场，又从势场透射出去，粒子的能量可以是任意的。这样的状态称为散射态。

如果势场不随时间改变，薛定谔方程存在定态解 $\psi(x,t) = \psi_n(x)\mathrm{e}^{-\mathrm{i}E_n t/\hbar}$。把这个定态解代入前面的薛定谔方程 (3.2) 可得如下定态薛定谔方程：

$$\hat{H}\psi_n(x) = E_n\psi_n(x) \tag{3.4}$$

其中，$\hat{H} = -\dfrac{\hbar^2}{2m}\partial_x^2 + V(x)$ 称为哈密顿量。$\hat{H}$ 上面戴个帽子表示它是个算符。我们把 E_n 和 $\psi_n(x)$ 分别称为 $\hat{H}$ 的本征值和本征态。上面这个定态薛定谔方程也称为能量本征方程。前面讲的无穷深势阱中的驻波解就是这个定态薛定谔方程的定态解，具有能量本征值 $E_n = \dfrac{\hbar^2}{2m}\left(\dfrac{n\pi}{a}\right)^2$ 和相应的能量本征态 $A\sin\left(\dfrac{n\pi}{a}x\right)$。多数量子力学的问题都是求解上面这个定态薛定谔方程的问题。

3.4　量子隧穿效应

　　现在我们来领略薛定谔方程的另一个神奇效应，即所谓势垒的量子隧道穿透效应 (简称隧穿效应)。势垒就是一个具有排斥作用的势能区。粒子进入这个区域就会受到排斥而被散射，就像一个带正电荷的粒子射向一个正离子附近，由于受到库仑排斥会发生偏转一样。经典力学告诉我们，如果粒子的入射动能不够大，小于势垒的高度，粒子就会被反弹。比如一个电子向一个带负电压的阴极板垂直入射，如果电子的入射动能不够大，电子就无法到达阴极板而反弹回去。量子力学是否也会给出同样的结论呢？

　　为了简化，我们来考虑一个自由粒子在一个一维方势垒上的散射。方势垒可以表示为如下势能形式：

$$V(x) = \begin{cases} V_0, & 0 \leqslant x \leqslant a \\ 0, & x > a \text{ 或 } x < 0 \end{cases} \tag{3.5}$$

这个势能把一维空间分成三个区域，$x < 0, 0 \leqslant x \leqslant a$ 和 $x > a$，分别称为 I 区、II 区、III 区，见图 3.5(a)。设入射粒子进入方势垒之前的动能为 E，并假设 E 小于势垒的高度 V_0。由于能量守恒，粒子的能量一直保持为 E。现在我们的任务是求出粒子的波函数。由于粒子只有一维运动，入射波在势垒上，只可能有反射和透射，在势垒后只可能有出射。在势垒之外粒子是自由的，波函数只能是平面波形式。在势垒之中，由于势能是常数，设波函数具有 $e^{\pm qx}$ 的形式。于是，我们写出如下分段表示的波函数：

$$\psi_{\mathrm{I}}(x) = e^{ikx} + Re^{-ikx} \tag{3.6}$$

$$\psi_{\mathrm{II}}(x) = Ae^{qx} + Be^{-qx} \tag{3.7}$$

$$\psi_{\mathrm{III}}(x) = Te^{ikx} \tag{3.8}$$

其中，ψ_{I} 的第一项是入射波，第二项是反射波，有一个反射系数 R，且 $|R|^2$ 表示反射率 (被势垒反射的概率)；ψ_{II} 是势垒中的波函数，带两个系数；ψ_{III} 是出射平面波，且 $|T|^2$ 表示透射率 (穿透势垒的概率)。把三段波函数分别代入定态薛定谔方程可得 $E = \dfrac{\hbar^2 k^2}{2m} = V_0 - \dfrac{\hbar^2 q^2}{2m}$。最后这个等式给出 $q = \dfrac{2m}{\hbar^2}\sqrt{V_0 - E}$。

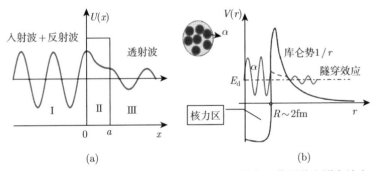

(a)　　　　　　　　　　　　　　(b)

图 3.5　(a) 粒子穿透势垒；(b) 氦核集团之间的相互作用势和隧穿效应引起的 α 衰变

图中势垒两边的波浪线表示粒子的波函数，势垒中间的曲线表示粒子穿透势垒的隧道波函数

量子力学还附加了一个连续要求，即波函数本身及其一阶导数连续。于是，在两个分界点上我们有 $\psi_{\mathrm{I}}(0) = \psi_{\mathrm{II}}(0)$，$\psi_{\mathrm{II}}(a) = \psi_{\mathrm{III}}(a)$，$\psi'_{\mathrm{I}}(0) = \psi'_{\mathrm{II}}(0)$，$\psi'_{\mathrm{II}}(a) = \psi'_{\mathrm{III}}(a)$，将这几个方程联立起来就可以求出透射率为

$$|T|^2 = \frac{4k^2q^2}{(k^2+q^2)^2 \sinh^2(qa) + 4k^2q^2} \tag{3.9}$$

这个结果表明，即使入射粒子的能量低于势垒高度，粒子也有一定的概率穿透势垒！透射率与入射粒子的能量以及势垒的宽度有关，势垒越窄，透射率越大。这是一种经典力学不容许的量子效应，称为量子隧道穿透效应，如图 3.5(a) 所示。

隧穿效应是美籍俄裔物理学家伽莫夫等 1928 年在研究 α 衰变的时候提出来的。一些不稳定的重原子核如 ^{212}Po、^{238}U 等会衰变而发射 α 射线 (即高速氦核)。不同的放射性核素有不同的半衰期 (即衰变导致放射性原子核个数减少一半所经历的时间)，可能相差十几个数量级，有的几微秒甚至更小，有的几万年甚至更长。如何理解这个现象？

伽莫夫设想，一个重原子核内部的质子和中子组成了一些氦核集团 (带正电荷)。每个集团受到剩余核的核力的吸引，同时又受到剩余核的库仑排斥，力的大小取决于集团与剩余核之间的距离。一个集团跟剩余核之间的相互作用势如图 3.5(b) 所示。在距离很小的区域，核力的吸引起主要作用，相互作用势为负。在原子核边界附近，核力的吸引迅速减弱 (因为核力是短程的)，库仑排斥显露出来，并形成一个很高的势垒 (势垒的高度可达 200MeV)。于是，一个三维的势阱在原子核内部形

成，势阱被原子核边沿处的势垒包围。原子核衰变发射出来的 α 粒子 (即氦核) 通常只有几 MeV 的能量，那么，一个 α 粒子是怎么跨越 200MeV 的势垒而从原子核内部逃逸的？

经典力学表明，α 粒子的能量不足以跨越势垒故不可能从核内逃逸。所以经典力学无法解释 α 衰变！伽莫夫等想到了刚被提出两年多的量子力学波动方程。他们尝试用薛定谔方程求解了氦核在原子核周围的波函数，惊奇地发现，α 粒子有一定的概率透射到势垒之外！也就是说，原子核有一定的概率从势阱内部发射出氦核从而发生 α 衰变。伽莫夫等就这样解释了 α 衰变的物理机制，同时也发现了量子力学的隧穿效应！后来人们知道隧穿效应是量子力学的一种普遍行为。

伽莫夫等计算了 α 粒子的透射率从而得到各种 α 衰变的原子核的半衰期。计算结果表明，放射性原子核的平均寿命与其释放的 α 射线的能量有一个近似的关系，即 $\ln \tau \approx 148/\sqrt{E} - 53.5$，其中 τ 以 s 为单位，E 以 MeV 为单位[①]。这个关系基本上反映了实验测量出来的各种核素平均寿命随 α 射线的能量的变化趋势。这是量子力学波动方程被建立起来之后不久就取得的惊人成就[②]。

---

① E. H. 威切曼，复旦大学物理系译，《量子物理学》，p226(1978).

② G. Gamow, Zeitschrift fur physik, **51**,204(1928); Nature, **122**,805(1928).

第❹章
自圆其说

4.1 玻恩——哥本哈根诠释

第 3 章讲到，薛定谔创造了量子力学的波动方程，即薛定谔方程。它是描述物质波的方程。但是，大家包括薛定谔自己都不明白，这个方程里面的波函数 $\psi(x,t)$ 到底有什么物理意义。回想一下普通物体上的振动产生的波动方程，我们很清楚，其中的 $y(x,t)$ 就是物体上各点在时刻 t 相对于平衡位置的位移。那么 $\psi(x,t)$ 是什么呢？如果 $\psi(x,t)$ 表示一种扩展实体的振动，你很难想象一个电子会是一个弥散在空间的实体。如果电子只是一个点，它又怎么和一个空间扩展的波相联系？这样的疑问实际上也就是人们对波粒二象性的困惑所在。

这事经过了很长时间的争论，最后在哥本哈根，以玻尔为首的量子物理学家形成了统一的意见，得到一个公认的波函数诠释。这个诠释并不是由实验决定的，而是人们内心构造的一种自圆其说的理解。所以，人们把这种诠释称为哥本哈根诠释，并把承认这种诠释的人称为哥本哈根学派。现在国际上对量子力学的解释还有所谓"多世界诠释""系综诠释"等。这种状况在物理学史上是不多见的。所谓流派、学派，一般只是出现在哲学领域。在谁也不能说服谁的时候，一种观点就以一种流派的形式存在下去。物理学讲究实证，不在乎什么流派。可是，在量子力学的解释上，人们的确遇到了困难。这些量子力学诠释对实验事实的认定是一致的，但是对实验事实的解说是不同的。

哥本哈根诠释中最关键的思想来自于马克斯·玻恩。玻恩1882 年出生于德国普鲁士的布雷斯劳，父亲是德国布雷斯劳大学的解剖学和胚胎学教授。玻恩在多所大学一开始学的是法律和伦理学，后来才转过来学习数学、物理和天文学。他 1906 年在哥廷根大学获得博士学位，导师是德国大数学家希尔伯特。经过几年的大学执教之后，1915 年玻恩做了柏林大学的物理学教授。玻恩跟普朗克、爱因斯坦等人有很深的交情。玻恩早年从事晶格振动方面的研究，1915 年出版了《晶格点阵动力学》一书，开创了一门新学科——晶格动力学。1954 年玻恩和我国享誉世界的老一辈物理学家黄昆先生合著的《晶格动力学理论》出版，本书被国际学术界誉为固体理论的传世经典。玻恩先后培养了两位诺贝尔物理学奖获得者：海森伯 (1932 年)和泡利 (1945 年)。

1926 年，薛定谔提出波动方程不久，玻恩就发表文章提出了波函数的概率诠释 (也称为统计诠释)。这个诠释认为，波函数 $\psi(x,t)$ 表示粒子的状态，波函数的模方 $|\psi(x,t)|^2$ 表示粒子

在位置 x 出现的概率密度 (单位体积的概率)[1][2]这个解释经过几年的争论被公认是对量子力学波函数的一个恰当的解释。二十多年后，人们还是觉得玻恩这个解释对量子力学的发展举足轻重。所以，玻恩获得了 1954 年诺贝尔物理学奖。

既然波函数的模方表示粒子在单位体积内出现的概率，一个粒子在整个空间的概率总和必须为 1。所以，所有的束缚态波函数都要求归一化

$$\int_{-\infty}^{\infty} |\psi(x)|^2 \mathrm{d}x = 1 \tag{4.1}$$

波函数 (3.3) 前面的常数 A 就是为了保证波函数的归一化。读者可以验证一下，在那里 $A = \sqrt{2/a}$。这样的常数称为归一化常数。

图 4.1 是氢原子不同能级的电子云，也就是电子的波函数的模方 $|\psi(x,t)|^2$，即概率密度在空间中的分布。颜色越亮，表示电子出现的概率越大。氢原子的基态是最上面那个小亮斑，一个电子的概率密度球对称地分布在质子周围。下面几行是氢原子的激发态。量子力学给出的这些分布已经得到了现代高精度实验的精密检验。

波函数的概率诠释不支持下面两种错误观点：一是认为电子是一个空间上扩展的波包；二是认为粒子的波动性是大量粒子的集体行为。波包只是表示一个电子在各地出现的概率的大小，而不是一个电子自身的大小！每一个电子都表现出这样的

---

[1] M. Born, Zeitschrift fur physik, **38**, 803(1926).

[2] 复数的模方是指实部和虚部的平方和，比如复数 $a + bi$ 的模方是 $a^2 + b^2$。

概率分布的波动行为。

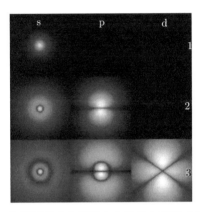

图 4.1   氢原子基态和激发态上核外电子形成的电子云

人们认为, 波函数本身 $\psi(x,t)$ 却是不可测的, 不表示任何物理实在。这在哲学上引起了强烈的反响。不可测的量是不是可知的? 是不是存在的? 这样的问题连当年的玻尔都常常感到迷茫。这些争论至今还在哲学上继续存在着。

不过, 波函数的相位却可以在干涉实验中表现出来。我们知道, 从一个点光源出发通过双缝的两条光线相互干涉, 干涉条纹取决于两条路径的光线的相位差。电子束经过两条路径也可以发生类似的干涉, 干涉条纹也由电子波函数在两条路径上的相位差决定。

正如经典的波函数可以叠加一样, 量子力学的波函数也可以线性叠加

$$\phi(x) = a\phi_1(x) + b\phi_2(x) \tag{4.2}$$

这就是量子力学的叠加原理。干涉可以通过这个叠加原理表现出来，因为粒子的概率分布是 $|\phi(x)|^2 = |a\phi_1(x)|^2 + |b\phi_2(x)|^2 + a^*b\phi_1^*(x)\phi_2(x) + ab^*\phi_1(x)\phi_2^*(x)$，其中前两项就是两个波的概率之和，而后两项就是干涉项，跟经典的水波干涉是类似的。

有趣的是，波函数都有一个相位不确定性，即 $\mathrm{e}^{\mathrm{i}\theta}\phi(x)$ 和 $\phi(x)$ 满足同样的薛定谔方程，对应相同的状态，给出相同的粒子概率分布。

玻恩的概率诠释还对测量做了精辟的解释。一个力学量有很多个本征值 (参考附录一)，我们测量一个力学量每次只能测到其众多本征值中的一个。如果粒子原来就处于这个力学量的某个本征态，测量值就只能是跟这个本征态对应的本征值。如果原来不处于某个本征态，而是一些本征态的叠加，我们究竟测到哪个本征值是不确定的，但测到某个本征值的概率是确定的。更惊人的论断是，一旦测到某个本征值，粒子的状态就会坍缩到这个本征值对应的本征态上。这个坍缩解释一直令人不舒服，连爱因斯坦这样的大物理学家都感到不可接受。

4.2 海森伯——不确定性原理

海森伯 (图 4.2(a)) 继创立了矩阵力学之后，还发现了量子力学的另一个重大原理，即不确定性原理。

不确定性原理过去被称为测不准原理[①]。所谓"测不准"，意思是不能同时测量出一个粒子的两个关联的物理量，比如位

[①] W. Heisenberg, Zeitschrift fur physik, **43**,172(1927).

置和动量。但是，现在人们对不确定性原理的理解并不涉及测量。不确定性是微观粒子的一种内禀属性，与测量无关。所以，现在人们不再使用"测不准"原理这个名称，而改称为不确定性原理。

不确定性原理表明，一个粒子在 x 轴方向的位置和动量的不确定度 (可以理解为涨落)Δx 和 Δp_x 的乘积最小是 $\hbar/2$, 即

$$\Delta x \Delta p_x \geqslant \hbar/2 \tag{4.3}$$

同理，在 y 轴方向和 z 轴方向，也有 $\Delta y \Delta p_y \geqslant \hbar/2$ 和 $\Delta z \Delta p_z \geqslant \hbar/2$。这几个不等式表明，粒子的位置越确定，其动量就越不确定，反之亦然。这个不确定度并不是由测量引起的，而是微观粒子的本质属性。

这种情况在经典世界听起来很荒唐，因为一个宏观物体在任何时刻总是有确定的位置、速度、加速度、动量、能量等，也有确定的运动轨迹。但不确定性原理表明，微观粒子的位置、动量、能量都不是完全确定的，所以，微观粒子也没有确定的轨迹。不过，由于普朗克常量是如此之小，这么一点点不确定性 $\hbar/2$ 在宏观世界根本不会被觉察到。

经典的光波衍射其实非常符合这个不确定性原理。我们来看看光子在单缝上衍射，如图 4.2(b) 所示。一束光子通过宽度为 a 的单缝打在屏幕上。由于衍射，一个光子可以落在亮条纹上的任何位置，但落在哪儿的概率由图形最右边的光强分布曲线决定。

单缝告诉我们一个光子在竖直方向 (设为 y 坐标轴) 的位

置，但不告诉我们光子到底在单缝里面的什么位置。所以，光子在 y 轴方向就有个位置不确定度 Δy，也就是单缝的宽度 a。实验表明，单缝越窄，光子在 y 方向衍射得越厉害，也就是图中的亮纹越往上下展宽。理论和实验都表明，中心条纹落在 $\sin \theta = -\lambda/a \sim \lambda/a$，所以，光子偏转的角度至少有这么大的不确定度。这个不确定度表达了光子在 y 轴方向的动量的不确定性。因为德布罗意波长为 $\lambda = h/p$，所以光子在 y 轴上的动量 $p_y = p \sin \theta = \dfrac{h}{\lambda} \sin \theta$。由于 $\sin \theta$ 的不确定，光子在 y 方向的动量不确定度大约为 $\Delta p_y \sim \dfrac{h}{\lambda} \dfrac{\lambda}{a} = \dfrac{h}{a}$。于是 $\Delta y \Delta p_y = a\dfrac{h}{a} = h$。可见，光波的单缝衍射服从海森伯不确定性原理。

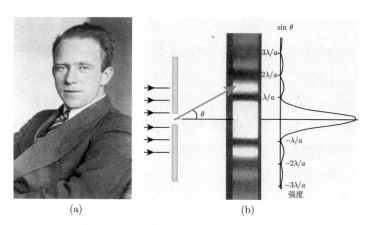

图 4.2　(a) 海森伯照片；(b) 单缝衍射

量子世界还有很多组类似的不确定关系，比如能量和时间、角动量和角度、粒子数和相位等。所以，时间和能量、角度和角动量等也是不能同时确定的。比如，在能量完全确定的时候，时间就不定了；在时间完全确定的时候，能量也不定。这可不是天方夜谭。比如，无论单色性多么好的激光器也有一定的线宽，也就是波长有一个微小的起伏 (也就是不完全单色)，就是因为不确定性原理的作用 (还有温度效应的贡献)。也正是因为海森伯的不确定性原理，在量子世界里，粒子失去了经典世界的运动轨迹。所以，玻尔那一套原子轨道模型必须被量子力学取代。

不确定性原理在量子力学里也表现为算符之间的不对易。例如上面介绍的坐标与动量不能同时确定的不确定性原理等价于下面的对易关系：

$$[x, \hat{p}_x] = i\hbar, \quad [y, \hat{p}_y] = i\hbar, \quad [z, \hat{p}_z] = i\hbar \quad (4.4)$$

其中两个算符的方括号定义为 $[\hat{A}, \hat{B}] = \hat{A}\hat{B} - \hat{B}\hat{A}$，称为对易子。上面这些对易关系很容易通过动量算符的偏导数证明出来 (读者应该试试)。如果两个算符的对易子不为 0，则称两个算符不对易。如果两个算符不对易，那么跟这两个算符对应的力学量就不能同时确定。

算符之间不对易是量子力学的一个重要特征，跟经典世界里数值的乘法交换律 (即 $ab = ba$) 截然不同。不过，我们在数学里遇到过两个矩阵的乘积不对易 (即 $AB \neq BA$) 的情况。量子力学其实可以改写为矩阵形式（即所谓矩阵力学），一个算符总是可以跟一个矩阵对应。矩阵不对易就意味着算符不对易。薛定谔在建立波动方程之后不久就证明了波动力学与海森伯的矩阵力学的等价性。

我们还有一些类似的对易关系，如

$$[\phi, \hat{l}_z] = i\hbar \tag{4.5}$$

$$[\hat{l}_x, \hat{l}_y] = i\hbar \hat{l}_z, \quad [\hat{l}^2, \hat{l}_i] = 0 \tag{4.6}$$

其中，$\hat{l}_i$ 表示角动量算符，$i = x, y, z$，ϕ 是柱坐标里的方位角。算符 $\hat{l}_z$ 在柱坐标下可表示为 $-i\hbar\partial_\phi$。上述对易关系中第一行表明，粒子角动量的 z 分量算符跟粒子所处的方位角不对易，所以这两个物理量不是同时确定的。第二行表明，粒子的角动量分量算符之间不对易，所以三个角动量分量不同时确定；但角动量的平方跟角动量的任何一个分量的算符对易，可以同时确定。

相互对易的算符可以同时确定，就可以有共同的本征态。比如角动量的平方算符跟角动量 z 分量算符的共同本征态为 $|lm\rangle$ 且满足

$$\hat{l}^2|lm\rangle = l(l+1)\hbar^2|lm\rangle, \quad l = 0, 1, 2, 3, \cdots \tag{4.7}$$

$$\hat{l}_z|lm\rangle = m\hbar|lm\rangle, \quad m = 0, \pm 1, \pm 2, \cdots, \pm l \tag{4.8}$$

其中，l 称为角量子数，m 称为磁量子数。可见，角动量分量的本征值确实是 $\hbar$ 的整数倍，正是当年玻尔的量子轨道模型的第三条假设！而且，m 的取值有 $2l + 1$ 个，也就是角动量的空间取向有 $2l + 1$ 个，是个奇数，正是多年前洛伦兹的预言！但有一点值得大家注意，这里角动量的本征值包含 0，是玻尔的量子轨道模型不容许的。所以，玻尔模型不完全正确。

有人说，海森伯一生对物理学的贡献可以跟爱因斯坦的贡献媲美。海森伯 1901 年出生于德国维尔茨堡。他的父亲是当时著名的语言学家和东罗马史学家，曾经在慕尼黑大学担任中世纪和现代希腊语教授。海森伯就读的中学是普朗克就读过的中学。海森伯在中学里迷上了数学，并且很快掌握了微积分等数学知识。1920 年在慕尼黑大学学习物理学，师从索末菲、维恩等名师，1922 年转去哥廷根大学，师从后来提出波函数概率诠释的玻恩和大数学家希尔伯特。在大学期间，海森伯对玻尔的原子模型持怀疑态度，因为玻尔的理论中电子的速度、轨道等物理量很难被实验证明。1923 年他以题为《关于流体流动的稳定和湍流》的流体力学方面的博士论文取得了慕尼黑大学的博士学位。之后，他在哥廷根大学担任玻恩的私人助手。1924 年海森伯因为发表了一篇关于反常塞曼效应的文章得到玻尔的肯定和支持，并获得洛克菲勒财团资助的国际教育基金会的奖金，前往哥本哈根跟玻尔一起工作。从这简历可以看出，海森伯非等闲之辈，他转来转去，跟随的导师全是大物理学家或者大数学家。

　　1925 年，海森伯 24 岁，在薛定谔创立薛定谔方程之前一年，他在玻尔的协助下创立了矩阵形式的量子力学方程。在他这个理论里，玻尔的经典物理量 (如电子的速度、轨道半径) 因为不可观测而被抛弃，以可观察的动量、角动量和能量代之，并以矩阵的形式表示出来，即矩阵力学。1927 年，海森伯又提出了不确定性原理，为后来的哥本哈根学派奠定了理论基础。同年，年仅 26 岁的海森伯被任命为莱比锡大学的教授。在莱比锡期间，海森伯创立了一种现在称为海森伯模型的铁磁性理论，用电子自旋之间的关联解释铁磁和反铁磁现象。他这个模型至今仍然是凝聚态物理方面的研究热点。他后来还研究了原子核理论和量子场论，提出了具有重要理论价值的 S 矩阵理论。海森伯因为提出不确定性原理获得 1932 年诺贝尔物理学奖。

4.3　电子自旋

虽然人们至今也没完全理解自旋，但是，人们关于自旋的知识还是非常丰富的。自旋的发现要追溯到 1896 年塞曼发现的塞曼效应。

1896 年塞曼发现碱金属以及金、银和铜等原子的光谱谱线在磁场中发生分裂，而且总是分裂成三条。这种现象在量子力学之后不算稀奇。但是，在普朗克提出能量子假说 (1900 年) 前，在电子才刚刚被 J.J. 汤姆孙发现的时候，在卢瑟福的核式结构原子模型和玻尔的量子轨道模型还远未出世之时，这事就没这么简单。伟大的物理学先知、荷兰物理学家洛伦兹提出，谱线分裂是由于原子磁矩的空间取向是分立的！这个说法的实质就是角动量量子化，只是当时还没有这个概念。洛伦兹和塞曼师徒俩因为塞曼效应的发现和解释分享了 1902 年诺贝尔物理学奖。磁矩指向几个量子化的方向在当时确实是一件非常神奇的事情，谁也不明白其中的缘由。洛伦兹这个天才的想法被 20 多年后的量子力学所证明。

洛伦兹获奖是实至名归的。他对物理学做出了巨大的贡献,比如他首创了电磁学的洛伦兹力,在爱因斯坦提出狭义相对论之前发现了洛伦兹变换等。洛伦兹还是了不起的教育家,在莱顿大学做了多年的普通物理和理论物理的教学工作,退休之后还多年在大学为学生做科普讲座。很多大物理学家如爱因斯坦、薛定谔等都深受洛伦兹的影响。洛伦兹过世时,爱因斯坦致辞说道:洛伦兹的成就对我产生了最大的影响,他是我们时代最伟大、最高尚的人。

在电磁学里,所谓磁矩就是一个环形电流的电流与环形面积的乘积 IS,磁矩的方向定义为沿着环形电流的右手螺旋的大拇指所指的方向。有了玻尔的量子轨道模型,人们很容易理解电子在原子内部的轨道运动会产生磁矩,这个磁矩称为轨道磁矩。电子的轨道运动产生的角动量称为轨道角动量。轨道磁矩的空间取向量子化正是轨道角动量的空间取向量子化的反映。20 多年后的量子力学将告诉我们,轨道角动量确实是量子化的,空间取向有奇数个 $(2l+1)$。正是这个原因,塞曼效应产生的原子光谱谱线分裂为奇数条。洛伦兹就是这样的先知,在完全没有理论的情况下,预先领悟到了这样的结果。

但是,不久人们又发现了反常塞曼效应,谱线并不一定分裂为奇数条,也可以为偶数条!比如钠原子光谱 D 谱线其实是很靠近的双线,在磁场的作用下劈裂为 4 条。这个现象困扰了人类 20 多年,洛伦兹也一筹莫展!

1921 年,德国物理学家施特恩和格拉赫发现,一束银原子飞过非均匀磁场会分裂成两条,如图 4.3 所示。银原子因为有磁矩而受到非均匀磁场的作用力发生偏转。由于银原子磁矩只有两个空间取向，银原子的飞行轨迹发生分裂最后落在接收屏的两个斑点上。

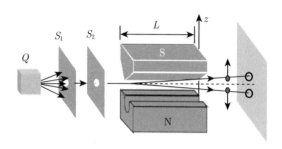

图 4.3 施特恩–格拉赫实验原理图

前面说过，这个角动量不可能来自电子的轨道运动，因为轨道角动量的空间取向只能是奇数个。1924 年，为了解释这个双分裂，泡利提出了电子的双值表示。但泡利也不明白他这个双值表示背后的物理意义。地球有公转，有自转。很多行星也都有公转和自转。所以，当时就有人想到电子也可能有自转。有个叫克勒尼希 (Ralph Kronig) 的年轻人于 1925 年初提出电子有自转 (图 4.4)。但是，泡利对这个想法不以为然，他估算了一下发现电子自转会导致电子表面速度超光速从而违背狭义相对论。所以，克勒尼希最后没有发表有关电子自转的文章。

1925 年，乌伦贝克与古德斯密特正式发表文章用电子自旋的思想来解释反常塞曼效应。电子自旋产生的角动量的量子数为 1/2 (以后把自旋角动量简称为自旋)。自旋跟轨道角动量耦合在一起，就产生了半整数的总角动量量子数 $j = l \pm 1/2$，于是空间取向为偶数 $2j+1$。这就正好解释了反常塞曼效应的偶数分裂。当轨道角动量为 0 时,总角动量量子数就只剩下电子的自旋量子数 1/2,只有两个空间取向。这正是银原子在非均匀磁场下的飞行轨迹分裂为两条的原因。非常完美!泡利一开始不支持这个解释,后来还是接受了电子自旋的观点,并发明了一套描写电子自旋的矩阵。

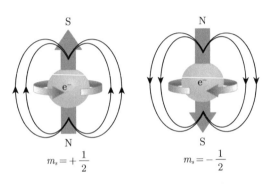

$$m_s = +\frac{1}{2} \qquad m_s = -\frac{1}{2}$$

图 4.4　电子自旋和磁矩的经典图像
电子磁矩的方向与自旋的方向相反

1927 年泡利提出如下三个矩阵描写电子自旋:

$$\boldsymbol{\sigma}_x = \begin{pmatrix} 0 & 1 \\ 1 & 0 \end{pmatrix}, \quad \boldsymbol{\sigma}_y = \begin{pmatrix} 0 & -\mathrm{i} \\ \mathrm{i} & 0 \end{pmatrix}, \quad \boldsymbol{\sigma}_z = \begin{pmatrix} 1 & 0 \\ 0 & -1 \end{pmatrix} \tag{4.9}$$

它们现在被称为泡利矩阵。这三个分量构成自旋角动量矢量 $\boldsymbol{s} = \hbar\boldsymbol{\sigma}/2$. 它们相互不对易,因而没有同时确定的值,所以通常只考虑 z 分量。s_z 的本征态有两个:$|\uparrow\rangle = (1,0)^{\mathrm{T}}$ 和 $|\downarrow\rangle = (0,1)^{\mathrm{T}}$,本征值分别为 $\hbar/2$、$-\hbar/2$,表示电子自旋朝上和朝下两种空间取向。这正是泡利几年前提出的双值表示。

后来，狄拉克提出了相对论性量子力学波动方程即狄拉克方程，自旋成为狄拉克方程的自然结论。

自旋虽然可以类比物体的自转，但是在性质上是非常不同的。比如，一个自旋分解到任何方向，都只能是 $\hbar/2$ 或者 $-\hbar/2$，而不可能为 0 或其他值！现在我们只能认为自旋是电子的一种内禀性质。除了 1/2，自旋当然还可以有更大的量子数，如 1, 3/2, 2, 5/2, $\cdots$，都是半整数或者整数。有些原子核可以达到 5 以上的高自旋态。

三维空间中，自旋只能有整数和半整数两种量子数。整数自旋的粒子为玻色子，如光子、介子、$W^{\pm}$ 等；半整数自旋的粒子为费米子，如电子、质子、中子、夸克、中微子等。玻色子和费米子有截然不同的统计性质。在低维空间中，自旋就不一定为整数或半整数。

4.4 泡利不相容原理

从门捷列夫开始的多位化学家，经过几十年的修订和逐步完善，最后编排出一个漂亮的元素周期表。元素的化学性质随元素的原子序数增加呈周期性变化。原子序数即原子的核外电子数。惰性气体原子氦 (He)、氖 (Ne)、氩 (Ar)、氪 (Kr)、氙 (Xe) 和氡 (Rn) 最稳定。它们分别含有 2、10、18、36、54、86 个电子。每一 A 族元素从上往下依次增加 2、8、8、18、18、32 个电子，但有很相似的化学性质。为什么是这样的呢？多年来人们对这些神秘数字大惑不解。

19 世纪下半叶，元素周期表没有现在的这么丰富，很多元素当时还没被人类发现。但是，元素化学性质的这种周期性已被人们知晓。没人能理解这种周期性的物理根源。1913 年玻尔提出了轰动世界的量子轨道模型。一些人希望从这模型找出原子的电子排列规律。1914 年里德伯提出，原子的第 n 个能级最多只能容纳 $2n^2$ 个电子，即 2 个、8 个、18 个、32 个……电子。这个数列看起来有点意义，但是大家也不明白为什么。这些数字充满了神秘。

很有趣的是，当时还有人认为最外层排 8 个电子的原子最稳定，所以设想最外层电子应该摆在一个立方体的 8 个顶点上。于是，原子的化学性质随最外层电子数从 1 个到 8 个周期性变化，比如 Li、Be、B、C、N、O、F、Ne。不过这个漂亮的设想太牵强，没什么理由让电子待在这个立方体的顶点上。

玻尔自己也在动脑筋琢磨这个电子排列问题。他提出原子中的电子从最低的能级开始往上一个一个地占据各个状态。但他无法解释为什么每个能级只能容纳有限个电子。

突破性的灵感来自于斯托纳 (E. Stoner)1924 年的论文。斯托纳在论文里提议，将每个电子层分成几个电子亚层，每个电子亚层有角量子数 l，最多可容纳 $2(2l+1)$ 个电子。这是一个天才的想象，跟日后的量子力学的结论完全符合。泡利从这里看到了不相容原理的迹象。

1925 年，泡利发表论文正式提出不相容原理 (后称泡利不相容原理)：每个电子都必须占据一个量子态，而原子的量子态由四个量子数 $(n、l、m、m_s)$ 确定 (这些量子数的含义下面再解释)。这个断言是划时代的，完美地解释了原子的电子排列。

泡利后来还认识到，他前面提出的原理也适用于其他费米子。他把这个规律总结为不相容原理：任意两个全同费米子不能占有相同的量子态。这是费米子区别于玻色子的最独特的性质。

泡利是个完美主义者。他看问题敏锐、谨慎和挑剔，对别人的思想和研究常常表现出傲慢和蔑视。他的一句有点刻薄的名言"连错误都算不上"(Not even wrong) 是他在批评别人的想法的时候讲出来的。

泡利 1900 年出生于奥地利维也纳的一个显赫的犹太家庭。他父亲是一名化学家。他的教父是当时大名鼎鼎的科学哲学家马赫。泡利小时候可以说是个神童，从童年时代起他就一直受到科学的熏陶，在中学时就自修了物理学，在中学毕业的时候就发表了一篇有关广义相对论的论文。有意思的是，1918 年他刚中学毕业就跑到慕尼黑大学拜访著名的物理学家索末菲并要求不上大学而直接做索末菲的研究生。索末菲发现泡利确实很有才华，就收他为慕尼黑大学的研究生。1921 年 21 岁的泡利就获得了博士学位。接着泡利在哥廷根大学做了玻恩的助手，然后到哥本哈根玻尔的理论物理研究所工作了一年，专门研究反常塞曼效应。1923~1928 年，泡利在汉堡大学担任讲师。1924 年，泡利为解释反常塞曼效应提出电子的双值表示，并在三年后建立泡利矩阵解释这个双值表示。1925 年泡利提出了不相容原理，解释了原子中电子的排布规律，并因此获得了 1945 年诺贝尔物理学奖。1928 年，泡利被聘为瑞士苏黎世联邦理工学院理论物理教授。1930 年底，泡利提出中微子假说，解决了当时发现的 β 衰变似乎能量不守恒的疑难问题。这个假说在 20 多年后被实验证实，成为科学史上一个精彩的故事。之后不久，泡利出现严重的神经衰弱症状，因此拜访了著名的心理医生荣格。荣格开始深入分析泡利的心理状态和梦境。有趣的是，不久泡利开始使用科学方法批判荣格的认识论问题。他的评论甚至在一定程度上影响了后世的心理学理论。荣格与泡利之间的许多讨论都记录在两人的通信中。这些信件后来被整理出版在著作《原子与原型》里。荣格对于泡利的 400 多个梦境的详细分析记录在著作《心理学与炼金术》里。1935 年，受法西斯的影响，泡利的处境变得很困难，因而远赴美国，1940 年受聘为普林斯顿高等研究院理论物理学访问教授，并于 1946 年加入美国国籍。1949 年泡利获得瑞士国籍，回到苏黎世。1958 年泡利因胰腺癌病逝，享年 58 岁。

4.5　全同粒子对称性

前面 2.7 节介绍了全同粒子及其分布律。玻色最先注意到微观粒子的全同性，也就是微观粒子的不可区分性。全同粒子有两类：玻色子和费米子。它们的自旋分别为整数和半整数。后人发现，这两类粒子实际上是自然界的一种严格的对称性即交换对称性的要求。这是一个很简单明了又有启发性的数学论证。

我们用算符 $\hat{P}_{ij}$ 表示两个全同粒子的交换。考虑一个包含大量全同粒子的系统。系统的整体波函数为 $\Psi(1, 2, \cdots)$，其中序号 i 表示粒子 i 的坐标和自旋等全部参数。波函数的模方即粒子的概率密度才是可观测的，波函数乘多一个相位因子 $e^{i\theta}$ 不改变系统的状态。

现在交换系统中的两个粒子 i 和 j。由于全同粒子不可区分，交换两个粒子最多能对波函数增加一个相位因子。所以

$$\hat{P}_{ij}\Psi = e^{i\theta_{ij}}\Psi \tag{4.10}$$

现在对这两个粒子再做一次交换

$$\hat{P}_{ij}\hat{P}_{ij}\Psi = e^{i\theta_{ij}}\hat{P}_{ij}\Psi = e^{2i\theta_{ij}}\Psi \tag{4.11}$$

两次交换之后系统必须复原，所以，$e^{2i\theta_{ij}} = 1$，即 $e^{i\theta_{ij}} = \pm 1$。因而，一个系统交换其中的两个全同粒子只可能出现下面两种情况：

$$\hat{P}_{ij}\Psi = \pm\Psi \tag{4.12}$$

取 "+" 号的粒子正是当年玻色发现的全同粒子，称为玻色子，这种波函数是对称的。现在我们看到，全同粒子还可以有一个取 "−" 号的情况，表示波函数反对称，这种粒子正是费米子。

非常神奇的是，自然界的确只有这两类粒子。这样一个简单的数学论证竟然跟自然界的实际情况惊人符合。式 (4.12) 称为玻色子和费米子的交换对称性。其中的正负号表明，玻色子系统的波函数必须是对称的，而费米子系统的波函数必须是反对称的。这对多粒子系统的波函数的形式是一个强烈的限制。

我们来看看两个全同粒子的系统。如果两个全同粒子是玻色子，假设它们可以处于相同的状态 $\phi(\boldsymbol{r})$。系统的总波函数是 $\Phi(1,2) = \phi(1)\phi(2)$。这个波函数是对称的，因为交换两个粒子得到同样的波函数 $\Phi(2,1) = \phi(2)\phi(1) = \phi(1)\phi(2) = \Phi(1,2)$。

如果它们是费米子，上面的系统波函数就不容许，因为它不满足式 (4.12) 的取 "–" 号的反对称要求。这两个费米子必须处于两个不同的状态上：$\phi_1(\boldsymbol{r})$ 和 $\phi_2(\boldsymbol{r})$。总波函数只能是 $\Phi(1,2) = A[\phi_1(1)\phi_2(2) - \phi_1(2)\phi_2(1)]$。交换两个粒子得到 $\Phi(2,1) = -\Phi(1,2)$，满足式 (4.12) 的反对称要求。

可见，一个状态上可以存在两个甚至多个全同玻色子，但不能存在两个，更不能存在多个全同费米子。这与泡利不相容原理不谋而合。于是，泡利不相容原理的硬性规定现在成了全同粒子对称性的必然结论。

对于 N 个费米子的系统，总波函数有一个非常漂亮的行列式形式 (称为斯莱特行列式)

$$\Psi(1,2,3,\cdots) = \frac{1}{\sqrt{N!}} \begin{vmatrix} \psi_1(1) & \psi_1(2) & \cdots & \psi_1(N) \\ \psi_2(1) & \psi_2(2) & \cdots & \psi_2(N) \\ \vdots & \vdots & & \vdots \\ \psi_N(1) & \psi_N(2) & \cdots & \psi_N(N) \end{vmatrix} \qquad (4.13)$$

其中 $\psi_i(\boldsymbol{r})$ 是单个费米子的状态波函数。交换任意两个粒子，相当于交换上述行列式中的任意两列。行列式的数学知识告诉我们，交换行列式的任意两列或者两行，行列式的值变号。所以，上面这个总波函数自动满足费米子的反对称交换对称性。行列式中任何两个单粒子波函数都不能相同，因为任何两行相同的行列式的值为 0。也就是说，任何单粒子态上都只有 1 个费米子。所以，这个形式的总波函数也自动满足了泡利不相容原理。

这样表示的波函数是极其烦琐的。对宏观数目的粒子数，我们根本不可能写出这样的波函数来。所以，对于包含大量粒子的多体问题，量子力学是不够用的，还需要量子场论。

第❺章
相对论性量子力学

5.1 爱因斯坦——狭义相对论

爱因斯坦在 1905 年提出光电效应的光量子假说，同一年还创立了狭义相对论。经过物理学界十几年的思考和批判，狭义相对论开始被当时的新潮物理学家接受。在薛定谔提出非相对论性的量子力学波动方程之后，英国物理学家狄拉克就打算把薛定谔方程推广到狭义相对论的情况，创立相对论性量子力学。几十年后，相对论性量子力学发展为量子场论。

狭义相对论的出发点有两个，一是真空中的光速相对于任何惯性系都是相同的 (简称光速不变)，二是所有的惯性系都是等价的。第一个观点是很难被人们接受的，因为物体的速度相对于不同的参考系通常是不同的。比如，一艘以 50km/h 的速率航行的轮船，在同向高速航行速率为 80km/h 的汽艇上来看，轮船是后退的，速率是 −30 km/h。这是速度合成的结果。可是，一束光的速率相对于所有的惯性参考系都是一样的，无论参考系是静止的，还是运动的！后退的光更是不可能存在。后来人们对各种光源如星光、激光等进行光速测量，无论光源和观察者运动或不运动，得到的光速确实都是一样的。所以，光速不变现在已经是一个客观事实。光速不变跟牛顿力学截然矛盾，从根基上颠覆了牛顿力学 (不过，牛顿力学在低速条件下对宏观系统仍是非常精确的)。

狭义相对论的第二个出发点是大家普遍接受的。它的意思是，各种物理规律在所有惯性系中都是一样的。这就是最先由伽利略确认的相对性原理。比如停泊在码头不动的和匀速航行的轮船上牛顿第二定律都是 $F = ma$。所以，我们在轮船的密封船舱里做任何物理实验都无法判断轮船是在匀速航行还是停泊在码头上。同理，在自由太空里，一艘飞船如果脱离了所有天体的束缚，到底是静止的，还是在匀速前进，也是无法检验的 (除非观察窗外的星星)！

在这两个基本前提下，狭义相对论演绎出一些惊人的结论。第一个结论是所谓的同时性的相对性。它的意思是，在一个惯性系同时发生的两个事件，在另一个惯性系来看是不同时发生的。比如，在广州和北京同时出生了两个孩子，他们在地球上永远是同龄人，但在一个高速飞行的飞船上来看，两孩子并不是同时出生的。

第二个结论是，相对于你运动的时钟走得慢一些 (简称动钟慢行)。假设地球某地刚刚出生了一对孪生兄弟 A 和 B。这时，一架高速飞行的飞船载着 A 从地球上起飞，飞行 50 年之后立即掉头再飞行 50 年回到地球。这时地球上的 B 已经 100

岁, 成了白发苍苍的老人。但是, 飞船上的 A 却比 B 年轻 (他具体的年龄取决于飞船的速度)。两个时间的关系是

$$\Delta t' = \Delta t \sqrt{1 - v^2/c^2} \tag{5.1}$$

其中 $\Delta t'$ 和 Δt 分别是飞船上和地球上经历的时间, v 和 c 分别是飞船的速率和真空中的光速。如果速率 v 非常接近光速 c, 这两个时间就有非常大的差别。比如, 假设 $v/c = 0.9$, 则 $\Delta t' \approx 0.44\Delta t$。即 A 回来的时候只有 44 岁, 而 B 是 100 岁。请注意, 动钟慢行是时间的本质属性, 而不是实际时钟的任何机械或电子原因造成的。

不过, 对上述这个孪生子现象, 历史上有过一个有趣的质疑。有人说, 如果我们站在飞船上看问题, 飞船是静止的, 整个过程是地球以同样的速率反方向出发再回头到达飞船。于是, 地球上时钟成为动钟, 应该比飞船上的时钟慢一些, 所以, B 会年轻一些。这就跟前面的结论相反了。兄弟俩哪个年轻一些是个客观存在, 结论应该是唯一的。所以, 这些人就说, 狭义相对论自相矛盾, 荒唐! 大家看出这个质疑的漏洞没有? 这个质疑现在被称为 "孪生子佯谬"。所谓 "佯谬", 就是一个假的错误, 也就不是个错误。也就是说, 质疑是错的, 飞船上的 A 回来后的确年轻一些。那么, 质疑怎么错了? 读者自己思考答案吧。

第三个结论是, 一个相对于你飞行的物体的长度比它静止的时候的长度看起来短一些 (简称动尺收缩)。两者之间的关系是

$$L = L_0\sqrt{1 - v^2/c^2} \tag{5.2}$$

其中 L 和 L_0 分别是这个飞行的物体相对于你所在的参考系和相对于它自己静止的参考系的长度。也请注意，动尺收缩并不是由于动尺的原子分子之间有形变造成的，而是时空的本质属性。而且，动钟慢行和动尺收缩完全是相对的，因为动与不动是相对的，取决于你站在哪个参考系。

有趣的是，最先发现动尺收缩的并不是爱因斯坦而是洛伦兹！这事要从 19 世纪下半叶说起，当时一些物理学家在思考一个问题，光波到底是不是以太这种介质的波动。以太当年被设想为宇宙空间的一种绝对静止的背景。年幼的迈克耳孙跟随父母从当时的普鲁士帝国斯特雷诺小镇 (今属波兰) 移民到美国，大学毕业后到欧洲游学了两年，然后于 1883 年做了美国一所大学的物理学教授。他一直在研究和改进测量光速的方法，并发明了一套极其灵敏的干涉仪 (迈克耳孙因为这个发明获得了 1907 年诺贝尔物理学奖，是美国的第一个诺贝尔奖获得者)。接着迈克耳孙跟另一位也热衷于精密测量的物理学家莫雷进行了几年的干涉实验来检验地球公转相对于以太的速度 (即所谓以太风)。结果大大出乎人们所料，他们发现地球相对于以太竟然是静止的 (即所谓零结果)！这个零结果太荒唐了，地球至少在相对于太阳以 30km/h 的速率公转，怎么可能静止在宇宙背景里？为了解释这个零结果，洛伦兹于 1895 年提出，在地球公转方向长度有个收缩，即式 (5.2)！当时的物理学家都不以为然，觉得洛伦兹的话不过是个玩笑。但洛伦兹是认真的，在 1899 年又把满足牛顿力学的伽利略变换改造成如下变换：

$$x' = \gamma(x - vt) \tag{5.3}$$

$$y' = y \tag{5.4}$$

$$z' = z \tag{5.5}$$

$$t' = \gamma(t - xv/c^2) \tag{5.6}$$

其中 $\gamma = 1/\sqrt{1 - v^2/c^2}$。这个变换后来被爱因斯坦在狭义相对论里重新发现，仍被后人称为洛伦兹变换。但洛伦兹并没看出他这个变换背后隐藏的重大物理内涵，那就是时间和空间不可分割！时间和空间并不是相互独立而存在的！这是爱因斯坦后来创立的狭义相对论才揭示出来的时空本性。

这些结论彻底地颠覆了人类二百多年来形成的绝对时空观。历史上人们对狭义相对论进行了几十年的争论。比如前面提到的孪生子佯谬中，有人说，由于运动是相对的，对飞船上的 A 来讲，他是一直静止的，而地球向远处飞去然后又飞回来。按照上面的动钟慢行，地球上的时间应该流逝得慢一些，所以最后地球上的 B 应该更年轻，于是跟前面的推论相矛盾。这些人就因此认为狭义相对论荒谬。其实，这个推论有一个致命的错误。由于飞船飞出去又飞回来，必须经历一个掉头的过程，有加速有减速，飞船所在的参考系不是一个惯性系，而狭义相对论只适用于惯性系，所以飞船参考系得到的结论不成立。这个争论就这样被平息了。

历史上实验物理学家用多个严谨的物理实验非常精确地

验证了上面的"动钟慢行"和"动尺收缩"。自然界有一种不稳定的粒子叫 μ 子，会衰变为电子和中微子。有的 μ 子生存时间长，有的生存时间短，平均来讲，静止 μ 子的寿命为 2.2μs。大气层上空有速率可达光速的 0.9966 倍的 μ 子 (宇宙射线跟大气碰撞形成的)。实验物理学家测出它们的平均寿命后发现，高速 μ 子的平均寿命比静止 μ 子长得多，约 26μs。把 μ 子速率代入式 (5.1) 计算出高速 μ 子的平均寿命与实验值完全一致。经过几十年的质疑和批判，狭义相对论以其严密的逻辑和坚实的实验证据得到了物理学界的普遍公认。

不过，在低速近似下狭义相对论可以过渡到牛顿力学。在宏观物体的运动速度远小于光速的时候，牛顿力学仍然是非常准确的。电动力学则精确地符合狭义相对论，爱因斯坦正是从电动力学中产生了光速不变的灵感。

狭义相对论有如下自由粒子能量–动量关系：

$$E^2 = c^2 p^2 + m^2 c^4 \tag{5.7}$$

其中 p 是自由粒子的动量，$p = \gamma m v$，$\gamma = 1/\sqrt{1 - v^2/c^2}$。这个关系式和牛顿力学给出的动能形式 $E_k = \dfrac{p^2}{2m}$ 有明显的区别。但是，当粒子速度很小时，$p \ll mc$，$E \approx mc^2 + \dfrac{p^2}{2m} = mc^2 + \dfrac{1}{2}mv^2$。这时，狭义相对论的能量近似为一个常数项 mc^2 和牛顿力学的动能项之和。这个常数项是一个静止粒子的能量 $E_0 = mc^2$，称为粒子的静止能量。牛顿力学丢掉了这个能量。在低能世界，这个丢掉的能量在物理过程中自始至终是个常数，对物理过程没有影响。但是，在高能物理过程，质量可能会发生变化。比如一个放射性原子核衰变后所有产物的总质量就比衰变前的原子核质量小，称为质量亏损。所以，高能物理过程中质量不守恒。比如一个原子核 ^{210}Po 经过 α 衰变生成 ^{206}Pb，并放出高能 α 粒子，即 ^{210}Po $\rightarrow^{206}$ Pb $+ α$。衰变产生的 ^{206}Pb 和 α 粒子的总质量比衰变前的原子核 ^{210}Po 的质量少了 $0.0042u$ (这里 u 是原子质量单位，近似为 1.66×10^{-27}kg)。这就是质量亏损。高能物理过程中质量也可能增加，比如一个吸能核反应 (通过高能粒子入射输入能量) 的质量就会增加。所以，静止能量不能被忽略。

　　狭义相对论预言，物理过程的质量亏损 Δm 导致能量释放 $\Delta E = \Delta mc^2$。小小 1g 的质量亏损释放的能量都是惊人的，大家不妨估算一下。核裂变和核聚变释放的巨大能量就来自质量亏损，因而成为核武器和核电站的能量来源。狭义相对论为人类进入原子能时代提供了坚实的理论基础。

　　前面讲的量子力学是非相对论性的。比如，把自由粒子的平面波 $\mathrm{e}^{\mathrm{i}kx}$ 代入薛定谔方程就给出自由粒子的动能为 $\dfrac{\hbar^2 k^2}{2m} = \dfrac{p^2}{2m}$，其中 $p = \hbar k = h/\lambda$。这是牛顿力学的动能–动量关系。所以，把薛定谔方程推广到狭义相对论的情况是一个很自然的想法。

5.2　狄拉克——相对论性波动方程

　　对相对论性波动方程，瑞典物理学家克莱因 (Klein) 和德国物理学家戈尔登 (Gordon) 最先做了个尝试。他们想到，应该按照爱因斯坦狭义相对论给出的能量-动量关系 $E^2 = c^2p^2 + m^2c^4$ 来推广薛定谔方程。从薛定谔方程可以看出，能量 E 由 $\mathrm{i}\hbar\partial_t$ 作用到波函数上给出，而动量由动量算符 $\hat{p} = -\mathrm{i}\hbar\nabla$ 给出。所以，他们用这两个算符代换狭义相对论的能量-动量关系中的能量 E 和动量 p 并作用到波函数上就得到

$$-\hbar^2\partial_t^2\phi(x,t) = [-\hbar^2c^2\nabla^2 + m^2c^4]\phi(x,t) \qquad (5.8)$$

这个方程称为克莱因-戈尔登方程 (KG 方程)，是自由粒子满足的相对论性量子力学方程。大家还记得，薛定谔一开始也得到过这个方程，但觉得没什么意义就把它放弃了。

这个方程当时遇到了两个巨大的困难，一个是这个方程有两个对称的正负能量解 (即 $\phi(x)\mathrm{e}^{-\mathrm{i}(\pm E)t/\hbar}$)，另一个是这个方程的概率密度 (不再是波函数的模方) 存在负数。首先，人们当时无法理解一个具有负能量的自由粒子。一个自由粒子最多只可以有动能和静止能量，而通常的动能和静止能量都只能是正的。实验上我们也从未观察到过一个负能量的自由粒子。其次，概率为负就更显荒唐！比如，某天气预报说，明天下雨的概率为负 80%，这有什么意义呢？概率显然必须为 0~1 之间。所以，KG 方程在当时就很不幸地被抛弃了。后来人们才明白，KG 方程其实是一个正确的方程，适用于玻色子。

英国物理学家狄拉克 (见图 5.1(a)) 知道了这件事，就想解决这两个困难。他觉得，负能量的出现是由于爱因斯坦的能量-动量关系的二次形式，两边开方就产生了 $E = \pm\sqrt{c^2p^2 + m^2c^4}$ 这样的正负两个解。负能量和正能量曲线在 $E\text{-}p$ 图上有个巨

大的间距 $2mc^2$ 而不能连续过渡，如图 5.1(b) 所示。在经典世界，负能量世界和正能量世界相互独立。我们处于正能量世界就可以不理睬负能量，只当它不存在。但是在量子世界里，只要有足够的能量吸收或释放，粒子就可以在正能量态和负能量态之间跃迁。所以，人们觉得负能量态是不可接受的。狄拉克就想找到一个办法来避免负能量的出现。他想，既然负能量来自爱因斯坦的能量–动量关系的二次形式，那么必须把这个关系改造成一次形式。他以为只要不再做开方运算，负能量解就应该自然消失。

(a)   (b)

图 5.1　(a) 爱因斯坦与狄拉克；(b) 能量–动量关系

从数学上讲，二次方程就是二次方程，是不可能变成一次方程的。但是，狄拉克把不可能变成了可能！他首先写出这样一个一次形式的能量–动量关系

$$E = \boldsymbol{\alpha} \cdot \boldsymbol{p} + m\beta \tag{5.9}$$

其中 $\boldsymbol{\alpha}$ 和 $\boldsymbol{p}$ 都是三维的，$\boldsymbol{\alpha} \cdot \boldsymbol{p} = \alpha_x p_x + \alpha_y p_y + \alpha_z p_z$。这个式子两边平方，必须回到爱因斯坦的二次形式。但这通常是做

不到的，除非 ⋯⋯ (读者应该试试)

狄拉克真做到了！他的绝招在于，一次形式中 $\boldsymbol{\alpha}$ 和 β 不是普通的数，而是矩阵，相互不对易。狄拉克的确找出了这样的 4 个 4×4 的矩阵，使得公式两边平方之后就还原到爱因斯坦的能量–动量关系！

然后，狄拉克仿照克莱因和戈尔登的做法，对这个公式做算符代换，也就是把能量 E 换成 $\mathrm{i}\hbar\partial_t$，把动量 $\boldsymbol{p}$ 换成动量算符 $\hat{p} = -\mathrm{i}\hbar\nabla$，再作用到波函数上，就得到了下面的方程：

$$\mathrm{i}\hbar\partial_t\psi = [-\mathrm{i}\hbar\boldsymbol{\alpha} \cdot \nabla + m\beta]\psi \tag{5.10}$$

其中 ψ 是一个四维列向量，称为旋量波函数。狄拉克在薛定谔提出波动方程的两年之后即 1928 年得到了这个方程。后来人们知道，狄拉克方程描述自旋为 1/2 的自由费米子，比如电子。有人还把狄拉克方程推广到了自旋为 3/2 的情况。

狄拉克方程跟薛定谔方程是不是有点像呢？确实，在低速近似下，这个方程可以过渡到薛定谔方程。值得注意的是，方程两边的时间导数和空间导数的次数是相同的。这正是狭义相对论的要求。为了简化，这里引进一种非常特别的单位制，即所谓自然单位制，$\hbar = c = 1$。在这个单位制下，狄拉克方程可以写成一个极其紧凑的形式

$$(\gamma_\mu\partial_\mu + m)\psi = 0 \tag{5.11}$$

其中 $\mu = 1, 2, 3, 4$ 分别对应 x、y、z、$\mathrm{i}t$，γ_μ 是 4 个 4×4 的矩阵，作用在四维旋量波函数上，并且两个 μ 下标重复表示对这个指标求和。这种形式给理论的表述带来极大的方便和简化。

狄拉克根据他这个方程推导出的概率密度，正好还是波函数的模方 $\psi^\dagger\psi$，是四维波函数的 4 个分量的模方之和。狄拉克高兴得不得了，因为他这个概率密度看起来仍然是正的，所以他觉得他的方程克服了克莱因和戈尔登遇到的负概率密度的困难。

可是，这个方程仍然有负能解！这是狄拉克没有预料到的。如果他就此打住，他的这个方程也难逃 KG 方程被打入冷宫的命运。但是，狄拉克没有退缩，经过两年的纠结和思考，想出了一个绝妙的主意为负能解自圆其说。

狄拉克 1902 年出生在英格兰西南部的布里斯托尔。他的父亲是布里斯托尔的一个法文老师，是从瑞士瓦莱州移民到英国来的。他的母亲是一位船长的女儿，曾担任布里斯托尔图书馆管理员。

狄拉克喜欢数学，他先在英国布里斯托尔大学工程学院学完电机工程，1923 年转入剑桥大学攻读数学学位。他对自己学习工程的经历非常满意，觉得工程培养了他近似计算的能力。他讲过这样一句话："那些要求所有计算在推导上完全精确的数学家很难在物理上走得远。"在剑桥大学，狄拉克在物理学家福勒的指导下了解到玻尔的量子轨道模型，受到强烈的震撼。他开始尝试对玻尔理论做一些推广。1925 年海森伯创立的矩阵力学涉及矩阵乘法的不对易性，对狄拉克产生了重要启发。狄拉克还注意到经典力学中泊松括号与海森伯的不对易规则的相似之处。他后来提出的方程就用到了这个不对易性！1926 年，狄拉克提交了有关正则量子化的论文而获得博士学位。同年,薛定谔发表了自己创立的波动方程。狄拉克开始研究这个波动方程。1926 年 9 月,在福勒的建议之下,狄拉克前往哥本哈根玻尔研究所做有关辐射的量子理论的研究。1928 年狄拉克创立了相对论性波动方程,预言了正电子的存在,并于 1933 年与薛定谔分享诺贝尔物理学奖。

1930 年狄拉克出版了他的量子力学著作《量子力学原理》。这本书至今仍是量子力学的经典教材。在这本书里,狄拉克创立了绝妙的 δ 函数以及左矢和右矢符号。1931 年狄拉克提出了磁单极的想法,并于 1933 年发表论文证明磁单极的存在可以解释电荷的量子化。1932 年狄拉克接替约瑟夫·拉莫尔担任剑桥大学卢卡斯数学教授,这是从牛顿一直流传下来的职位。第二次世界大战期间,狄拉克投入研发同位素分离法以取得铀 235 的工作,为原子能应用服务。狄拉克在美国佛罗里达州立大学度过了他人生的最后十四个年头直到 1984 年去世。

狄拉克一生对物理学的美有很高的追求,他曾说:"一个物理定律必须具有数学的美。"玻尔这样评论狄拉克:"在所有的物理学家中,狄拉克拥有最纯洁的灵魂。"著名的物理学家杨振宁高度评价狄拉克的文章是秋水文章不染尘,没有任何渣滓,直达深处,直达宇宙的奥秘。

5.3 狄拉克——反粒子与反物质

5.2 节讲到狄拉克 1928 年提出的狄拉克方程仍然具有负能量解。无论在牛顿力学世界里,还是在相对论时空里,一个自由粒子只有动能，而不可能具有负能量！克莱因和戈尔登发现了一个正确的方程却在负能量这个困境面前退缩了。

狄拉克之所以能成为世界伟人，就是因为他能从这个困境中找到突破口。他觉得负能量不是完全不可接受的。但是他必须回答为什么人类从来没有观察到过负能量自由粒子！为此，他想象自己沉浸在一片平静而纯净的海洋里，四面八方都是平静而纯净的海水，没有一丝杂质，也没有一个气泡，各处均匀分布。由于观察不到海水的任何区别，我们就觉得海洋里什么也没有！如果海水中某处出现一个气泡，气泡显得跟周围有区别，我们就觉得那里有了某种东西。可是气泡里实际上没有水。这里，"有"和"无"发生了对调。同理，如果真空是被负能量电子完全充满的，并且均匀分布，就像这平静而纯净的海洋一样，我们就什么也观察不到。于是，狄拉克就对负能量粒子有了初步的解释。人们把这个充满负能量电子的真空称为"狄拉克海"。

这样，从能量上讲，真空就有负能区和正能区，且两个能区有 $2mc^2$ 的间距，正能区是空的，而负能区充满了负能量的电子，也就充满了负电荷，如图 5.2(a) 所示。所以真空并不是空的！有意思的是，如果一个负能区的电子被外加的辐射激发到正能区，这个电子就有了正能量，就成了通常的可以被观察到的正能量电子。同时，负能区留下了一个空位，正如海水中的气泡一样。这个空位由于不同于周围的负能量负电荷环境，表现得像一个带正电荷并可以自由移动的真实粒子一样。想到这里，狄拉克觉得，它应该就是通常的质子！1929 年狄拉克发表了一篇文章论述这件事。

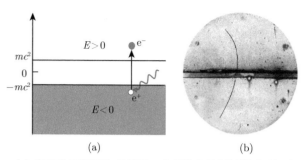

图 5.2　(a) 真空的正能区和负能区，电子从负能区被激发到正能区，产生正电子；(b) 安德森用云室记录到的正电子径迹

　　不久，德国的著名数学家韦尔指出，狄拉克提出的解释不合理，因为质子的质量是电子质量的 1800 多倍。韦尔觉得负能区的空位应该跟电子有相同的质量！另一位后来成为美国研制原子弹的"曼哈顿工程"领导人的物理学家奥本海默也发了一篇文章，指出狄拉克提出的空位不可能是质子，因为电子受到空位的吸引，可以掉进空位里从而湮灭并发射高能 γ 射线！而现实中的电子和质子从来没有发生这样的湮灭！所以，狄拉克继续困惑着。

　　又想了两年，狄拉克终于在 1931 年的一篇跟上述观点关系不大的论文里顺便说道，那个空位应该是一个实验还没发现的新粒子，跟电子的质量一样，但电荷相反，是个"反电子"。狄拉克当时觉得，在实验室用高能 γ 射线产生这样的反电子的概率太小了，以致无法观察到！

　　幸运的是，就在第二年，狄拉克预言的反电子就被安德森在宇宙射线中观察到了！安德森用云室记录到一个新粒子的径迹，测出的新粒子的荷质比的确跟电子相同，但带有正电荷，如图 5.2(b) 所示。云室就是一种过饱和水蒸气，入射粒子进入云室就成了凝结核，蒸汽就立即凝结成小水珠形成粒子的径迹。云室上下加有磁场，带电粒子受洛伦兹力的作用而偏转。云室中间还加了一块铅板，用以判断粒子运行的方向。由图可见，新粒子从云室下边进入并穿过铅板减速，从而减小了偏转半径。根据粒子的偏转方向就能判断粒子所带电荷的正负。有意思的是，我国的老一代实验物理学家赵忠尧当时正在美国从事宇宙射线的研究，他观察到过一些特异现象无法解释，比如宇宙射线可以产生 0.511MeV 的特征 γ 射线等。他和安德森的实验室只相隔几个房间。在狄拉克提出了反电子的设想之后，安德森觉得赵忠尧的实验结果很可能是因为混入了反电子。于是，安德森就专门设计云室来捕捉反电子，很快他就拍摄到了一个反电子在强磁场下偏转的径迹。发表安德森文章的编辑把这个反电子命名为"positron"(由"positive"演变而来的一个新的英文单词，意思是"正电子")。安德森的发现轰动世界，他也因此获得了 1936 年诺贝尔物理学奖。

　　不知大家是否注意到，这里还存在一个重大的理论问题。由于负能区的能量没有下限，负电子岂不会全部往下跃迁直到无穷深的能级上去？如果这样，所谓的狄拉克海就不稳定，必然完全坍缩！狄拉克也发现了这个问题，他猛然想到了泡利不相容原理，电子这样的全同费米子只能各占其位，每个状态只能容纳一个电子。所以，负能区只要每个状态都已经被一个电子占据，电子就不能再往下跃迁！你看，物理学原理就这样一环扣一环相互协作，构成了宇宙规律的严密逻辑链条。

可是，狄拉克设想的这样一种负能量海，到现在也没得到实验支持，甚至与现代宇宙学的一些观测事实相矛盾。按照这个负能量海计算出来的真空能比实际观测到的暗能量大 120 个数量级！量子电动力学的创始人之一、大物理学家费曼对正电子有另外一种解释：正电子是一种时间倒流的电子！量子场论对正电子的这种处理与实验符合得非常好。费曼的导师惠勒更有惊人的断言：全宇宙只有一个电子！这个电子在时间轴上不断前行和后退，就在此刻的宇宙显示出众多的电子和正电子，所以所有的电子和正电子具有相同质量和电荷 (正或负)。这话对不对呢？谁也不知道！

正电子是电子的反粒子。这个发现宣告了反粒子的诞生。后来实验陆续发现了另外一些反粒子，如反质子、反中子、反中微子等。现在我们知道，所有的费米子都有相应的反粒子。正反粒子之间具有对称性。

反粒子还可以组成反物质。现在人们已经可以在实验室生产少量的反物质，比如反氢原子等。正反粒子相遇会湮灭并放出巨大的能量 $2mc^2$。这个能量比现在的核能大得多。但是人类至今还没有发现自然界中存在反物质世界。物理学家仍在思考这个不对称之谜。

狄拉克的负能量海的解释也赋予了克莱因-戈尔登方程新的生命。这个方程描述自旋为 0 的粒子，而狄拉克方程描述自旋为 1/2 的粒子。克莱因和戈尔登后来也获得了一些物理学大奖。

继创立狄拉克方程之后，狄拉克还有很多重大的理论贡献。他提出了描写多体系统的二次量子化理论，为日后的量子场论打下基础，成为量子场论的奠基人。

狄拉克还把电动力学推广到了电荷磁荷对称的形式，对磁单极的物理做了精辟的分析，解释了电荷量子化。他还通过量纲分析提出了著名的大数猜想，为引力和其他相互作用力的统一提供了重要依据。

正如爱因斯坦反对量子力学一样，狄拉克的思想也有局限性。他就无法接受量子场论的重整化对无穷大的处理。但是，重整化现在已经是量子场论中极其重要的数学技巧。

笔者以为，可以毫不夸张地讲，狄拉克是世界上与牛顿、爱因斯坦齐名的物理学巨匠。狄拉克为量子力学的建立画上了圆满的句号，又为物理学的未来发展开拓了巨大的舞台。

第❻章
量子哲学

6.1 诡异的波粒二象性

波粒二象性说的是任何粒子，无论是光子还是电子这样的实物粒子，都同时具有波动性和粒子性，而且两者互补。微观粒子的这个特性直到今天仍然是科学界很多人心中的痛！人们并没完全明白微观粒子是怎么可以如此神奇的。

我们先来观察一下光的双缝干涉，如图 6.1(a) 所示。这就是历史上著名的杨氏双缝干涉实验，19 世纪初托马斯·杨用这个实验证明了光是一种波。一束单色光从最前面的单缝出发，经过双缝，最后在接收屏上形成亮暗相间的干涉条纹。人们用两束光的光程差来解释干涉条纹。当光程差为波长的整数倍的时候，干涉条纹为亮条纹；当光程差为波长的半整数倍的时候，干涉条纹为暗条纹。这是大家在经典波动光学里熟悉的现象。

现在我们要减弱入射光的强度，弱到没有两个光子共存的程度，让光子一个接一个地入射。这时，每个光子在感光屏上只留下一个光点，体现出光子的粒子性。有人说，这样就不会有干涉条纹了，因为光子一个个地进入，没有两个光子之间的相互干涉。错了！实际上只要入射光子数累积到足够多 (用感光底片记录光点)，干涉条纹还是会出现，如图 6.1(b) 所示，光子的波动性仍然存在。

有人想，这正好说明波动性是大量粒子的集体行为。一开始一些物理学家也是这么想的，后来发现这个想法说不通。如果每个粒子都没有波动性，大量粒子累积后也不会呈现波动性，正如大量子弹射到一个靶上绝不会呈现干涉条纹一样。所以，这个弱光双缝干涉实验表明，单个光子就有波动性！那么，干涉又是怎么发生的呢？由于没有两个光子共存，唯一的可能就是，每个光子是自己跟自己干涉 (简称自干涉)，最后大量光子的自干涉形成了干涉条纹！

自干涉是神奇得不可思议的事情。自干涉似乎要求一个光子必穿过两条狭缝，最后在感光屏上汇合而干涉。可是，一个光子怎么可以把自己分成两半各走一条狭缝呢？实验家用探测器在双缝后面观测光子，却从来没有发现过半个光子！那就是说，每个光子都只走一条狭缝。如果你这么认为那也有问题！既然每个光子只走一条缝，那我们关闭一条缝应该不影响通过另一条缝的光子的自干涉。我们随机关闭两条缝的任意一条，一会儿这条，一会儿那条，让光子随机穿过一条缝到达感光屏。你觉得这样还有没有干涉条纹呢？

答案是没有了！所以，对每个光子而言，必须开启两条缝才能有自干涉！每个光子到底是走一条缝还是走两条缝呢？这个问题是很难回答的！你看光子的波粒二象性是不是很诡异？

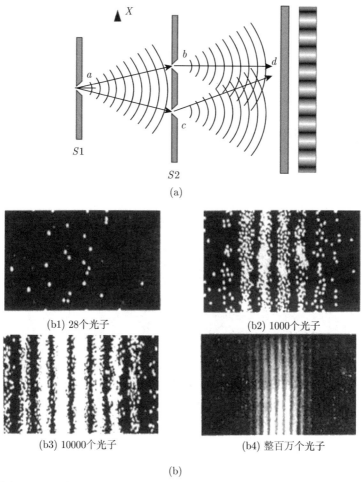

(a)

(b1) 28个光子

(b2) 1000个光子

(b3) 10000个光子

(b4) 整百万个光子

(b)

图 6.1 (a) 杨氏双缝干涉装置示意图；(b) 从少量光子产生的零星光点
到大量光子形成的干涉条纹

后来，1970 年前后，有人又做了单电子的双棱镜干涉实验，实验结果跟上述弱光杨氏双缝干涉实验基本上是一样的，如图 6.2 所示[①]。在这里，从干涉的角度来讲，一个电子同时走了两条路径！但是，如果我们用电子探测器在每条路径上探测电子，似乎测量到的永远都是一个完整的电子，绝不会测到半个电子，更不会测到一个电子同时走两条路径！由于实验中没有多电子共存，每个电子也是在两条路径上自干涉的。

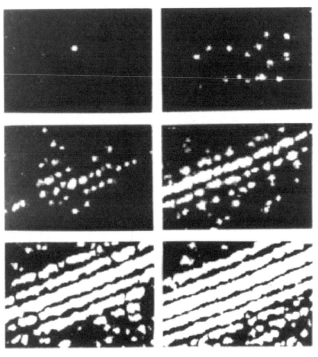

图 6.2　电子通过双棱镜的干涉图样

大量实验表明，微观粒子确实有粒子性和波动性的两面

---

① P. G. Merli, G. F. Missiroli, G. Pozzi, Am. J. Phys., **44**, 306(1976).

性。到底观测到波动性还是粒子性，取决于你的观察方式。当我们只能观察它的粒子性的时候，它的波动性就不显现；而当我们只观察它的波动性的时候，它就不显示粒子性。这就是波粒二象性的互补性。当我们观察粒子性的时候，波动性就被压制；反过来也是如此。而且，如果你只能观察粒子的部分的波动性 (比如 80%)，就可以观察到部分的粒子性 (20%)。反之亦然。这样的实验已经设计得极其巧妙，实验结果都表明微观粒子的粒子性和波动性互补。比如所谓延迟选择实验，就是在光子或电子通过双缝之后再选择观测或者不观测粒子性，结果都跟波粒二象性精确相符。这样的实验近些年来成为国际上量子信息研究的大热门。2022 年诺贝尔物理学奖颁发给了三位在量子信息领域取得重大成果的物理学家。波粒二象性的神奇至今仍然在考验着人类的智慧。

6.2　爱因斯坦–玻尔论战

　　狄拉克为量子力学的建立画上了完满的句号。但是，物理学家对量子力学的质疑持续了二三十年的时间。在这个过程中，最有名的争论是在玻尔和爱因斯坦之间展开的。爱因斯坦作为旧量子论的先驱之一，却不能接受量子力学的概率诠释。他有句名言：上帝不掷骰子。意思是说，自然界不可能是按概率运转的，而应该有一个确定性的运行规律，就像天体都按照牛顿万有引力定律的规律运行在完全确定的轨道上一样。但在量子力学中，微观粒子按照一定的概率在空间分布。海森伯不确定性原理更是明确地指出，微观粒子的位置、动量、能量等物理量都具有不确定性。这是爱因斯坦不能接受的。为此，他和以玻尔为代表的量子力学哥本哈根学派进行了多年的论战。

历史上有个著名的索尔维会议，是由比利时的一位企业家索尔维赞助设立的，用于世界上顶级的物理学家和化学家研讨科学问题。其中最有名的一届是 1927 年召开的第五届索尔维会议。这次会议可谓群英荟萃，有十多位诺贝尔奖获得者 (包括后来的获得者) 参会，如洛伦兹、德拜、布拉格、普朗克、爱因斯坦、居里夫人、德布罗意、薛定谔、海森伯、狄拉克、泡利等，如图 6.3 所示。会议的主题是光子与电子。这次会议上玻尔跟爱因斯坦发生了激烈的论战。会议代表分成三个阵营：实验派、哥本哈根学派、反对派。哥本哈根学派以玻尔为代表，包括玻恩、海森伯等；反对派包括爱因斯坦、德布罗意、薛定谔等。薛定谔说一个电子就像一团云雾，没什么电子轨道。海森伯认为是他是胡说，认为玻恩的概率诠释是合理的。爱因斯坦说，如果一个电子按概率在空间上分布，结果又只能在一个点上被探测到，那么电子就要发生瞬间坍缩，这种超距作用不可能存在。争论互不相让，如图 6.4(a) 所示。

在几天会议的早餐时间，爱因斯坦提出了多个假想实验来质疑概率诠释。每次玻尔经过一天的思考，在晚餐的时候就把爱因斯坦的质疑一一化解。爱因斯坦反驳不了，但心里仍然不服气，无可奈何地说出了"上帝不掷骰子"的名言。当时，海森伯、薛定谔等都在一旁观战，领略玻尔-爱因斯坦论战的深邃思维。

图 6.3 第五届索尔维会议代表

1930 年，第六届索尔维会议在布鲁塞尔召开。这次会议上爱因斯坦又提出了一个假想实验，如图 6.4(b) 所示。他设想一个弹簧秤挂着一个箱子，箱子里面装有一个快门。在快门打开的时间 ΔT 内，盒子里面飞出一个光子。测量光子飞出前后盒子的质量差 Δm，即得到光子的能量 $\Delta E = \Delta mc^2$。爱因斯坦认为，由于快门时间和质量差的两个测量相互独立，测量精度都没有限制，所以不确定性原理 $\Delta E \Delta T \geqslant \hbar/2$ 不成立。对爱因斯坦这个质疑，大家一时无言以对。思考了一天，玻尔用爱因斯坦的广义相对论的引力红移否定了他的这个质疑，算是"以子之矛，攻子之盾"。玻尔说，光子飞出之前，箱子的重力与弹簧的弹力平衡。当光子从箱子飞出来后，箱子的质量有一个变化，受到的重力也就有一个变化，从而对箱子产生一个冲量。根据冲量定理，箱子的动量变化为 $\Delta p = \Delta mgT = \Delta EgT/c^2$。另外，箱子的质量改变引起箱子高度改变 Δx。根据广义相对论，高度变化引起时间膨胀，$\Delta T = gT\Delta x/c^2$，故 $\Delta x = \Delta T c^2/(gT)$。把上面的 Δx 和 Δp 代入海森伯不确定性原理 $\Delta x\Delta p \geqslant \hbar/2$ 就得到 $\Delta E\Delta T \geqslant \hbar/2$。广义相对论竟然和量子规律有这样微妙的联系，不能不令人叫绝。爱因斯坦又一次垂头丧气地输了。

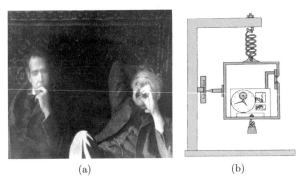

图 6.4　(a) 爱因斯坦与玻尔在争论；(b) 爱因斯坦的假想实验装置

6.3　EPR 佯谬

爱因斯坦仍然不服气，后来又质疑量子力学的完备性。1935年，他同波多尔斯基、罗森 (三人名字首字母为 EPR) 联名发表了一篇文章质疑量子力学的完备性。他们设想两个距离非常远的粒子，比如一个粒子在广州，另一个粒子在北京，两个粒子各自被测量绝不会相互影响。假设两个粒子的坐标分别为 x_1、x_2，动量 (算符) 分别为 $\hat{p}_1$、$\hat{p}_2$，虽然每个粒子的坐标和动量不对易，$[x,\hat{p}] = \mathrm{i}\hbar$，但 $[x_1 - x_2, \hat{p}_1 + \hat{p}_2] = 0$。也就是说，

两个粒子的距离 $X = x_1 - x_2$ 和总动量 $\hat{P} = \hat{p}_1 + \hat{p}_2$ 是对易的，因而可以同时确定，并有共同的本征态。假设我们把这两个粒子制备到了这样的共同本征态上 (没有理由不行)，设距离和总动量分别为 X 和 P。这时，我们测量出粒子 1 的位置为 x_1，又同时测量出粒子 2 的动量为 p_2。那么，问题就来了。由于距离是确定的，由 $x_1 - x_2 = X$ 就得到了粒子 2 的坐标为 $x_2 = x_1 - X$。由于总动量也是确定的，$p_1 + p_2 = P$，我们也得到了粒子 1 的动量为 $p_1 = P - p_2$。于是，两个粒子的坐标和动量都有了准确的值。这就推翻了海森伯的不确定性原理。这就是历史上著名的 EPR 佯谬。这个问题直到爱因斯坦和玻尔先后去世，他们谁也没能说服谁。

1953 年，以反潮流著称的美国物理学家玻姆 (D. Bohm) 对量子力学的正统观点提出了挑战 (顺便说一下，玻姆几年后来到英国，跟阿哈罗诺夫共同发现了著名的电磁场的阿哈罗诺夫–玻姆效应，简称 AB 效应)。根据爱因斯坦等人提出的 EPR 佯谬，玻姆提出了一个所谓的局域隐变量理论。这个理论认为，EPR 佯谬中，两个相互远离的粒子上存在某个局域隐变量，早已经决定了测量结果之间的关联。

对于隐变量，我们先来看一个直观的例子。假设某商人把同一双鞋的左右两只鞋随机发送到北京和广州。广州收到的鞋如果是左脚的，那么北京收到的鞋必定是右脚的，或者反过来，但绝不会相同。这个左右标记就是所谓的隐变量。这种左右标记在商人发送的时刻就已经确定了。当北京收到左鞋的时候，马上就知道广州收到的是右鞋，反之亦然。这就是局域隐变量，因为每一只鞋子都独立携带着这个隐变量。

1964 年，英国实验物理学家贝尔 (J. Bell) 根据玻姆的局域隐变量理论推导出一个可以用实验检验的不等式 (称为贝尔不等式)。贝尔发现量子力学不遵守他这个不等式。于是，这个不等式就成为局域隐变量理论的判决性检验。判决性实验发生在 1981 年。在此之前，多个实验组已经努力了十多年了。1981年，法国实验物理学家阿斯佩等用钙原子的级联辐射向相反的两个方向发射的偏振纠缠光子对检验了贝尔不等式[①]。实验结果表明，贝尔不等式确实不成立，量子力学是对的。于是，局域隐变量被否决。阿斯佩因为这个判决性实验和另两位实验物理学家分享了 2022 年诺贝尔物理学奖。

玻姆的局域隐变量被否定，表明量子力学存在非局域关联。两个相距很远的粒子的状态可以在瞬间相互关联。这样一种诡异的关联是怎么发生的？这是没人能回答的问题。

6.4　纠缠态

EPR 佯谬设想的状态实际上是一个纠缠态。为了理解纠缠态，我们先了解一下乘积态。假如两个粒子分别处于 $\phi(x_1)$ 和 $\psi(x_2)$ 的两个状态上，如果总的状态是两个状态波函数的乘积 $\phi(x_1)\psi(x_2)$，这就是一个乘积态。所谓纠缠态，就是指两个或多个粒子系统的一种不能用粒子的独立状态的乘积来表示

---

① A. Aspect, P. Grangier, G. Roger, Phys. Rev. Lett., **47**, 460(1981); **49**, 91(1982).

的状态。比如 $\Phi(x_1, x_2) = \phi(x_1)\psi(x_2) + \psi(x_1)\phi(x_2)$ (省略了归一化常数) 就不能分解为乘积的形式，是一种纠缠态。

具体来讲，两个光子 1 和 2 可以处于如下水平偏振 H 和竖直偏振 V 的纠缠态上：

$$|\Psi\rangle = (|H\rangle_1|V\rangle_2 + |V\rangle_1|H\rangle_2)/\sqrt{2} \tag{6.1}$$

在这个纠缠态上，每个光子的偏振态既可能是水平的也可能是竖直的，概率各 50%。特别重要的是，这两个光子的偏振总是不同的，一个水平，另一个必定竖直，反之亦然。也就是说，如果制备好一批 (比如 10000 个) 这样的光子对，然后测量每一对的两个光子的偏振，我们将测量到半数的光子对为 HV 偏振，另外半数的光子对为 VH 偏振，而绝不会有 HH 和 VV 这两种情况。后两种情况存在于下面的偏振纠缠态上：

$$|\Psi\rangle = (|H\rangle_1|H\rangle_2 + |V\rangle_1|V\rangle_2)/\sqrt{2} \tag{6.2}$$

测量这样的纠缠态光子对，你有一半的概率测到两个光子都水平偏振，一半的概率都竖直偏振。这样的纠缠态表明，两个相互远离的粒子的状态是相互关联的，而且是瞬时的。这就是量子力学的非局域性。这是怎么发生的？没人能回答这样的问题。

当两个粒子的距离很近，它们处于纠缠态不显得很奇怪。比如氦原子的两个电子，就处在 $|\uparrow\downarrow\rangle - |\downarrow\uparrow\rangle$ 的自旋单态上，两个电子的自旋总是反向的。但是，当两个相距几公里甚至更远的粒子还能保持在这样一种瞬时关联的纠缠态上的确令人惊讶。量子世界就这么神奇！

1997 年，奥地利实验物理学家塞林格等利用纠缠光子对实现了量子隐形传态。假设一对纠缠光子对 2 和 3 在空间上分离，分别被观察者 Alice 和 Bob 掌握。把另一个光子 1 的量子态跟光子 2 进行纠缠态检验。检验一旦发生，根据哥本哈根诠释，整个系统的状态坍缩。这时，只要把光子 1 和 2 处于哪个纠缠态的信息转告 Bob，Bob 就可以把自己所掌握的光子 3 经过相应的操作转化为光子 1 的量子态。于是，光子 1 的状态就从 Alice 处被隐形传输到了 Bob 处，见图 6.5。塞林格因此成果跟另两位物理学家分享了 2022 年诺贝尔物理学奖。我国实验物理学家潘建伟院士 20 多年前在塞林格指导下读博士时期参与了这个重大成果的研究工作[①]。

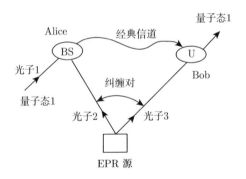

图 6.5　量子隐形传态示意图

纠缠态在量子信息、量子计算方面有重要的应用前景。我国潘建伟院士、郭光灿院士等的实验组在这方面走在国际前

---

① D. Bouwnmeester, Jian-Wei Pan(潘建伟),K. Mattle, M. Eibl, H. Weinfurter and A. Zeilinger, Nature, 390, 575(1997).

列，取得了许多重要的研究成果。

6.5 薛定谔猫

很多人可能听过薛定谔猫这个有趣的假想实验。这是薛定谔 1935 年对量子力学概率诠释提出来的一个质疑。他设想一个密封的箱子，里面有一只猫和一瓶毒药。箱子上装有一个用放射性原子核衰变放出的 α 射线启动的开关，如图 6.6(a) 所示。放射性原子核的寿命是不确定的，有的长一些，有的短一些。假设在一段时间 T 内，某个原子核衰变的概率为 50%。如果这个原子核衰变，它放出的 α 粒子就启动开关打破箱子内部的毒药瓶，猫就会被毒死；如果这个原子核没衰变，猫当然就还活着。那么，在这段时间 T 内，这只猫是死的还是活的呢？我们不能确定，只能说猫处于半死半活的状态。这个状态就是所谓的薛定谔猫态。这个态可以写成如下叠加态：

$$|\Psi\rangle = (|活\rangle + |死\rangle)/\sqrt{2} \tag{6.3}$$

这个薛定谔猫态也可以表示为一个纠缠态

$$|\Psi\rangle = (|活\rangle|0\rangle + |死\rangle|1\rangle)/\sqrt{2} \tag{6.4}$$

其中 $|1\rangle$ 和 $|0\rangle$ 分别表示原子核衰变和没衰变两种状态。原子核没衰变跟活猫是并存的，而衰变则跟死猫并存。

当我们打开箱子观察，要么看到活猫，要么看到死猫，而不会看到半死半活的猫。也就是说，这个薛定谔态将立即坍缩到活猫或者死猫的状态。

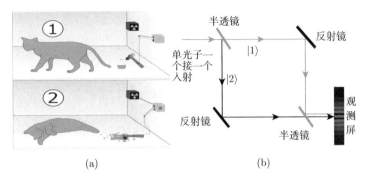

图 6.6 (a) 薛定谔猫; (b) 马赫–曾德尔干涉仪

你一定觉得这个说法很荒诞。从宏观系统的角度来讲,这个薛定谔猫态确实是不可能存在的,我们也从没体验过这样的状态。如果箱子是透明的,我们就可以清楚地看到,箱子里面的猫是个什么状态,根本不可能处于半死半活的状态。但是,在微观系统,这个薛定谔猫态的确是存在的。1996 年 Monroe 等人实现了薛定谔猫态[①]。后来又有更多的实验观察到了这样的状态。

为了简单,我们来分析单光子在马赫–曾德尔干涉仪上的自干涉,如图 6.6(b) 所示。一束光入射到这个干涉仪,光束在左上角的半透镜上分裂成两束,其中一束透射,另一束反射。然后两束光分别经过反射镜再汇聚到右下角的半透镜上干涉,这时半透镜后方的观测屏上就会显示明暗相间的干涉条纹。这是很平常的事,跟双缝干涉是同样的道理,干涉条纹由两路光线的光程差决定。

① C. Monroe, D. M. Meekhof, B. E. King, D. J. Wineland, Science, **272**,1131(1996).

但是，如果我们改用单光子入射，情况就没这么简单了。所谓单光子，以前讲过，就是把入射光减弱，以致光子是一个接一个进来的。我们在观测屏上铺上照相底片来记录光子留下的光点。正如我们在 6.1节所讲的，单光子有波动性，会发生自干涉。你应该能推测到，只要入射光子足够多，照相底片上还是会呈现干涉条纹。单光子自干涉表明，一个光子虽然不能同时走两条路径，但是，两条路径的同时开启是干涉的必要条件。一个光子当然不能同时走两条路径，但是两条路径是相互关联的，缺一不可。关闭任何一条路径都会破坏每个光子的自干涉。所以，进入干涉仪的每个光子的状态是两条路径的叠加，即

$$|\Psi\rangle = (|1\rangle + |2\rangle)/\sqrt{2} \tag{6.5}$$

其中 $|1\rangle$ 和 $|2\rangle$ 表示如图 6.6(b) 中所示两条路径分别构成的两个状态。这是个叠加态，表示每个光子以一半的概率走上面的路径，一半的概率走下面的路径。这个状态实际上就是所谓的薛定谔猫态，看起来是不相容的两个状态的叠加。

对薛定谔猫态的解释是很诡异的。按照哥本哈根学派的概率诠释，处于这个态的"猫"有两种可能状态，"死"和"活"。但是当我们观测这个态，只能是要么看到"死猫"，要么看到"活猫"，各占一半的概率，而不会看到"半死半活的猫"。也就是说，一旦观测，这个猫态就瞬时坍缩到观察到的状态。这种坍缩让很多人对量子力学的概率诠释不满意。

1957 年美国物理学家埃弗雷特提出了一种有趣的但也很

诡异的多世界诠释。这种诠释认为，宇宙里存在无穷多个平行世界，薛定谔猫态的两种可能状态分别存在于两个不同的平行世界之中。在其中一个世界里，"猫是死的"；而在另一个世界里，"猫是活的"。我们观测到"死猫"还是"活猫"，取决于我们人类处于哪个平行世界。几个平行世界还可以在某时某地再相遇并干涉。在上面介绍的马赫–曾德尔干涉仪上，一个光子在一个平行世界里走上面的路径，在另一个平行世界里走下面的路径，最后又在右下角的半透镜处相遇而干涉，见图 6.6(b)。这个诠释避免了概率诠释的观测带来的状态坍缩。由于平行世界之间不能交流，我们无法用实验来检验这些平行世界的共存。平行世界真的存在吗？谁也不知道！

惠勒是美国物理学界的一位传奇人物。他早年跟随玻尔研究核裂变，后来参与美国的曼哈顿计划和氢弹计划，并指导过费曼、索恩等世界级著名物理学家。他最先提出了"黑洞"一词，获得过许多科学大奖。1979 年惠勒在纪念爱因斯坦 100 周年诞辰学术研讨会上提出的延迟选择实验，颠覆了我们通常时间次序的结论："我们此时此刻作出的决定 …… 对已经发生了的事件产生了不可逃避的影响。"也就是说，此时此刻的决定影响了过去! 而且延迟选择实验已经多次被实验验证。

惠勒写了多本科普著作，如《宇宙逍遥》《科学和艺术中的结构》《我们的宇宙：已知与未知》等。他反复强调："没有一个基本量子现象是一个现象，直到它是一个被记录（观察）的现象"；"并没有一个过去预先存在着，除非它被现在所记录"。

传统观念坚定地认为，存在独立于观察，物质完全独立于观察者。但是，薛定谔猫态在被观察之前，处在半死半活的状态。观察才产生了确定的现实：死或活！电子云中的电子，被观察之前，以一定的概率同时存在于空间各处。观察才确定了电子的现实位置！所以，惠勒认为，观察创造现实。

　　1989 年早已退休的惠勒又提出"存在来自于比特"的观点。他对物质世界的认识经历了三个阶段："一切都是粒子""一切都是场""一切都是信息"。费曼曾这样评论惠勒："有人说惠勒晚年陷入了疯狂，其实惠勒一直都疯狂。"

第 **7** 章
量子科技

自从量子力学被创立以来，量子力学开始应用到微观世界各个领域，在近一个世纪的研究和应用中取得了巨大的成就。量子力学催生了原子分子物理、原子核物理、粒子物理、材料物理、凝聚态物理、量子化学、量子信息等众多学科。

7.1 原子结构

量子力学最直接的应用是原子结构。自从卢瑟福建立核式结构原子模型，玻尔提出量子轨道模型，人们就希望从量子的角度理解原子的构造。物理学家最先利用薛定谔方程求解了原子的能级结构，得到了原子的能级和波函数，从而知道了原子中电子的壳层结构。根据这个壳层结构，结合泡利不相容原理，人们就完全理解了元素周期表所揭示的元素化学性质的周期性变化规律。这个变化规律可以从元素的第一电离能看出来，如图 7.1 所示。第一电离能越大，说明元素的化学性质越稳定。惰性气体元素都处于峰值位置，所以是最稳定的元素。第一电离能从一个低值逐渐上升到峰值然后突然下降到低值，又从低值上升到峰值，呈现周期性变化。现在，量子力学让我们完全明白了这种周期性是如何由原子的壳层结构产生的。

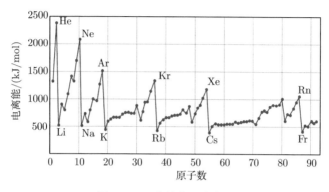

图 7.1　元素的第一电离能

一个原子的核外电子受到原子的库仑势的作用。由于库仑势球对称 (只与半径有关，即所谓各向同性)，电子的波函数具有这样的形式：$R_{nl}(r)Y_{lm}(\theta,\phi)$，其中 (r,θ,ϕ) 是以原子核为中心的电子球坐标，$R_{nl}(r)$ 是电子的径向波函数，$Y_{lm}(\theta,\phi)$ 是角向波函数 (是已知的球谐函数)。这里 n、l、m 分别称为主量子数、角量子数和磁量子数。$R_{nl}(r)$ 和能级可以通过求解薛定谔方程得到。电子还有自旋角动量 (简称自旋，量子数为 $1/2$)，有上、下两个空间取向，用自旋磁量子数 $m_s = \pm 1/2$ 表示。所以，电子的状态由四个量子数决定：n、l、m、m_s。在库仑势下它们的取值范围如下：

$$n = 1, 2, 3, \cdots \tag{7.1}$$

$$l = 0, 1, 2, \cdots, n-1 \tag{7.2}$$

$$m = 0, \pm1, \pm2, \cdots, \pm l \tag{7.3}$$

$$m_s = \pm1/2 \tag{7.4}$$

其中，l 的取值受主量子数 n 的限制，每个 l 称为一个轨道 (注意，这里的轨道不是经典的轨迹，而是一个三维的概率分布)。人们通常用 s、p、d、f 等字母分别表示 $l = 0, 1, 2, 3, \cdots$ 轨道。m 则表示轨道角动量的空间取向。能级只与 n 和 l 有关，而与 m 无关，表示为 E_{nl}。所以，能级 E_{nl} 可以用 nl 这样的符号做标志，如 1s，2s，2p，$\cdots$。

原子的核外电子各轨道的波函数可以重新组合成实数波函数，在各轨道上形成等值的轮廓，如图 7.2 所示。s 轨道是球形的，p 轨道是哑铃形的，而 d 轨道是梅花形的 (第一个是哑铃加套环形)。这些图形表现了一个电子在空间上分布的对称性。

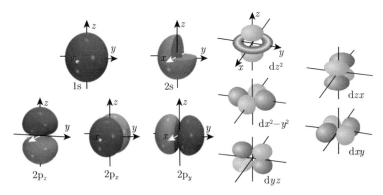

图 7.2　s 轨道、p 轨道和 d 轨道波函数的轮廓图

既然每个轨道 l 有 $m = 0, \pm 1, \pm 2, \cdots, \pm l$ 共 $2l + 1$ 种空间取向，另外电子还有上、下两种自旋取向，每个轨道 l 包含 $2(2l + 1)$ 个状态。这些状态的能量相同，称为简并态。所以，轨道 l 的简并度为 $2(2l + 1)$。因而根据泡利不相容原理，即一个状态最多只能容纳一个电子，一个能级 E_{nl} 最多可容纳的电子数就是 $2(2l + 1)$。所以轨道 s、p、d、f 分别能容纳 2 个、6 个、10 个、14 个电子。在量子力学还没有问世的 1924 年，斯托纳曾做过这样的猜测。泡利也在 1925 年根据角动量的知识下过这样的断语。现在量子力学严格地得到了这样的结论。

求解薛定谔方程给出的原子能级 E_{nl} 的高低大致上如图 7.3(a) 所示，不同原子的能级高低不完全相同。除了最低的一条能级，相同主量子数的不同轨道的能级有差别。特别是，有一些能级比较靠近，形成一个壳层。通常最低的能级 1s 是第一壳层；2s 和 2p 形成第二壳层，3s 和 3p 形成第三壳层，4s、3d 和 4p 形成第四壳层，等等。不同原子的能级顺序并不完全相同。核外各个电子就按由低到高的顺序占据这些能级。图 7.3(b) 是实际的锂原子外层能级图以及电子在能级之间跃迁产生的谱线。图中标出了氢原子的能级做对比，可见，锂原子的电子能级比相应的氢原子的电子能级更低一些。越大的原子的能级越低，大原子的最低电子能级可以低到 keV 的数量级 (负值)。

我们用 $1s^2$ 的上标表示能级 1s 上有 2 个电子占据，$2p^4$ 表示能级 2p 上有 4 个电子占据等。比如，镁原子一共有 12 个电子，其电子排列顺序为 $1s^2 2s^2 2p^6 3s^2$。类似地，我们可以排出所有原子的电子结构。

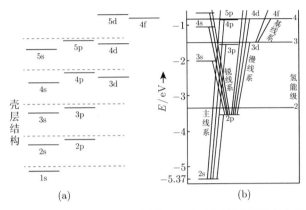

图 7.3 (a) 原子能级和壳层示意图; (b) 锂原子外壳层能级和谱线系

　　一个填满电子的壳层上的电子不容易被激发到上一个壳层 (因为壳层之间能级间隙较大)。所以,满壳层形成了一种稳定的原子结构。第一满壳层是 $1s^2$,可容纳 2 个电子;第二满壳层是 $2s^2 2p^6$,可容纳 8 个电子;第三满壳层是 $3s^2 3p^6$,也可容纳 8 个电子;第四满壳层是 $4s^2 3d^{10} 4p^6$,可容纳 18 个电子;第五壳层也可容纳 18 个电子;第六壳层可容纳 32 个电子。电子每填满一个壳层就构成一个稳定结构,从而形成了惰性气体原子:氦、氖、氩、氪、氙、氡。这就是惰性气体元素很稳定的原因,它们不跟其他原子发生化学反应,常温下都以单原子的气态分子存在。

　　其他元素的原子最外壳层都不满,可以填充多几个电子或者失去几个电子从而形成满壳层的稳定结构。所以,这些元素之间可以发生化学反应形成化合物。比如我们熟悉的食盐氯化钠,其中氯原子最外层有 7 个电子,而钠原子最外层有 1 个电子,两者结合的时候,钠原子失去 1 个电子形成满壳层的钠离子,而氯原子获得 1 个电子形成了满壳层的氯离子。再如氧原子,一共有 8 个电子,排列顺序为 $1s^2 2s^2 2p^4$。最外壳层只有 6 个电子,还差两个电子构成稳定结构。所以,一个氧原子可以跟两个氢原子结合而形成水分子 H_2O,其中两个氢原子的两个电子跟氧原子共享,氧原子最外壳层就形成了满壳层,氢原子也由于氧原子的电子共享而形成满壳层。比较大的原子的最外壳层被 8 个电子填充就形成了次稳定结构的主族元素 (最外壳层可容纳的更多电子填充在 d 轨道和 f 轨道上,形成了副族元素)。

实验表明,元素的第一电离能呈周期性变化,在每一个周期内大致上逐渐增强直到一个惰性气体元素,见图 7.1。其中主族元素有少数几个元素由于电子之间的相互作用稍稍偏离周期性,副族元素偏离比较大。主族从 IA 到 VIIIA 的原子的最外壳层的电子数分别是 1, 2, $\cdots$, 8,称为价电子数。价电子数越多,越不容易失去电子,所以元素的化学性质呈现出周期性。VIIIA 族就是惰性气体元素,有 8 个价电子,是一种稳定结构;IA 族称为碱金属元素,其最外壳层只有 1 个价电子,容易在化学反应中失去 1 个电子而形成 +1 价离子的稳定结构;而 VIIA 族称为卤族元素,其原子有 7 个价电子,在化学反应中容易得到一个电子形成 −1 价离子的稳定结构。通常价电子数少于 4 的元素,跟其他元素发生化学反应的时候容易失去电子成为正离子,而价电子数多于 4 的元素在化学反应中更容易从其他原子得到电子而成为负离子。比如铝原子有 3 个价电子，而氧原子有 6 个价电子，所以，2 个铝原子和 3 个氧原子形成一个 Al_2O_3 分子，其中铝离子为 +3 价 (失去了 3 个价电子)，而氧离子为 -2 价 (获得了 2 个价电子)。以离子形式相结合的化学键称为离子键。

原子之间还有一种很特别的结合形式是共价键。比如氢分子的两个氢原子共享两个电子形成一个共价键，氧分子的两个氧原子共享 4 个电子形成两个共价键。金刚石由碳原子组成，每个碳原子跟周围四个碳原子分别以一个共价键结合，形成正四面体晶体结构。

量子力学给出的原子能级结构比玻尔当年提出的氢原子能级结构丰富得多 (对比图 7.3(a) 和图 2.11)。玻尔只是给出了跟主量子数 n 对应的氢原子能级，无法确定其他原子的能级结构，也无法确定每个能级能够容纳的电子数。现在，量子力学告诉我们，主壳层内部还有不同轨道的电子能级以及每个能级能容纳的电子数等。另外，玻尔的角动量量子化的假设 ($l_z = n\hbar$) 也不准确。他这个假设不容许 $n = 0$，但量子力学中的 s 轨道的角动量为 0。可见，量子力学比玻尔理论大大前进了一步。

有趣的是，20 世纪 30~40 年代，人们发现原子核内质子数和中子数也有一串神秘的数字：2、8、14、20、28、50、82、126，称为幻数。质子数或中子数为幻数的原子核相比其他原子核更稳定。特别是质子数和中子数都为幻数的原子核尤其稳定，称为双幻核，比如 ^4He、^{16}O、^{208}Pb 等。这些幻数让一些物理学家困惑了很多年。两名物理学家迈耶和简森从原子的壳层结构得到启示，觉得原子核虽然是质子和中子堆积在一起的，但也有跟原子类似的壳层结构。于是，他们在 1949 年建立了原子核的壳模型，借助自旋–轨道耦合机制，完美地解释了原子核的幻数现象，并获得了 1963 年的诺贝尔物理学奖。

7.2 原子光谱

玻尔最早设想了原子中电子的能级跃迁可以发射或吸收光子。大量原子发射的光子的光强在频率或波长轴上的分布就形成了原子光谱。由于原子能级的存在，原子光谱具有分立的波长。现在我们有了原子能级，就对原子光谱有了准确的认识。原子的内壳层都填满了电子，在低能范围不会发生跃迁。所以，对于低能光谱来讲，我们只需要考虑原子的外壳层能级之间的电子跃迁。图 7.3(b) 就显示了锂原子的外层电子跃迁产生的谱线系。基态锂原子的最外层只有一个价电子，处于 2s 能级。通过加热锂原子气体，价电子被激发到高能级上，从各 p 轨道能级向 2s 能级的电子跃迁就可以发射主线系的谱线。请注意，由于光子有自旋角动量，原子的电子跃迁只发生在相邻轨道的能级之间，即 $\Delta l = \pm 1$(称为选择定则)。这些线系跟氢原子光谱的各个线系类似。

原子能级还有一个特别的情况。从经典的运动图像来讲，电子的轨道运动形成了环形电流，产生垂直于电流环的磁场 B。电子自身的自旋磁矩 $\boldsymbol{\mu}$ 受到这个磁场的作用，就获得了一

个附加能量 $\Delta E = -\boldsymbol{\mu} \cdot \boldsymbol{B}$。这样的作用称为自旋–轨道耦合。用量子力学的语言来讲，自旋–轨道耦合可以表示为在库仑势之外一个附加的势能项 $V(r)\boldsymbol{s} \cdot \boldsymbol{l}$。这样一来，我们就需要把每个电子的自旋和轨道角动量耦合成总角动量 $\boldsymbol{j} = \boldsymbol{l} + \boldsymbol{s}$。

设这几个角动量平方算符 $\hat{l}^2$、$\hat{s}^2$、$\hat{j}^2$ 的量子数分别为 l、s、j，其中电子的自旋量子数 $s = 1/2$。根据角动量的耦合规则，对于 $l > 0$ 的情况，角动量耦合导致 $j = l \pm 1/2$。但 $l = 0$ 的情况就只有 $j = 1/2$。这是因为角动量平方算符的量子数必须是正的。于是，自旋–轨道耦合的附加势能项导致所有 $l > 0$ 的电子轨道分裂为两条能级，用 $j = l \pm 1/2$ 标志。比如钠原子的 3p 轨道就分裂为 $3\mathrm{p}_{1/2}$ 和 $3\mathrm{p}_{3/2}$，其下标就是角动量耦合出来的量子数 j。于是，钠原子的 3p 能级向 3s 能级的电子跃迁发射的谱线就分裂为两条非常靠近的谱线，波长分别为 589.0nm 和 589.6nm，称为钠双黄线，如图 7.4(a) 所示。

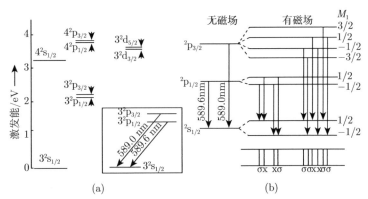

图 7.4 (a) 自旋–轨道耦合引起钠原子的电子能级分裂；(b) 钠原子在磁场下能级劈裂以及电子跃迁产生的谱线

这些分裂的能级仍然是简并的,包含 $2j+1$ 个状态。这些状态也就是价电子的总角动量的不同空间取向,可以用总角动量 z 的分量算符 $\hat{j}_z$ 的量子数 $m = -j, -j+1, \cdots, j$ 做标志,共有 $2j+1$ 重简并。如果把钠原子放在磁场里,这些简并态将获得不同的能量,能级会再次发生分裂。以钠原子的 $3\mathrm{s}_{1/2}$、$3\mathrm{p}_{1/2}$ 和 $3\mathrm{p}_{3/2}$ 能级为例,在磁场下,三个能级分裂如图 7.4(b) 所示。于是,两条谱线就分裂成了 10 条谱线。这实际上就是以前说到过的一种反常塞曼效应。

有趣的是,1896 年塞曼最早观察到的塞曼效应是钠黄线在磁场下谱线展宽,当时还隐隐约约看到 3 条谱线,因而洛伦兹认为那是因为电子的轨道运动产生的磁矩在磁场作用下有 3 个空间取向。现在看来,塞曼的观察并不准确,洛伦兹的解释也有问题。实际上,塞曼效应被发现不久,一些人就发现,许多原子的光谱在磁场下实际上分裂成偶数条谱线,即所谓反常塞曼效应。洛伦兹当时也不明白为什么。现在有了量子力学,人们才知道这是自旋-轨道耦合的结果。

现在人们找到了一些的确具有正常塞曼效应的原子,比如镉原子。镉原子有两个价电子。它们的自旋耦合成总自旋量子数为 $S = 0$ 和 1 的两种状态。它们的轨道角动量耦合出量子数为 $L = 0, 1, 2, 3$ 的 S、P、D、F 轨道,最后总自旋跟总轨道角动量耦合成总角动量 (这样的耦合称为 LS 耦合)。$S = 0$ 的一套能级,相当于没有自旋,就不再有自旋-轨道耦合。于是,在磁场的作用下,能级分裂的条数由 $2L+1$ 确定,而且不同能级分裂的裂距相等。比如镉原子有一条来自能级 $5^1\mathrm{D}_2$ 到

5^1P_1 的电子跃迁的谱线 (称为镉红线)。两条能级在磁场下分别分裂为 5 条和 3 条,而且裂距相等。这样,在选择定则的作用下,这些分裂的能级之间的电子跃迁虽然有很多,但能量有重叠,只产生 3 条谱线,即正常塞曼效应。

大原子的内壳层能级上的电子在高能射线或者高能粒子束的照射下也可以被激发到未填满的高能级上,甚至可以完全被电离。原子核的 β^+ 衰变也存在一种可能性,即原子核从内壳层捕获一个电子。这些过程都会在内壳层上留下电子空位。于是,高能级上的电子就会往下跃迁去填充这些空位。这样的跃迁会释放 keV 数量级的高能光子即 X 射线。这些 X 射线的能量对不同的原子是不同的,反映了原子的内壳层能级的信息,所以称为特征 X 射线。

7.3 分子结构

根据原子的电子结构,量子力学让我们对分子结构也有了清楚的认识。最简单的分子是氢分子 H_2。氢分子包含两个氢原子,每个氢原子只有一个电子,处于 1s 能级。两个氢原子互相靠近形成分子时,各自的电子受到两个原子核的吸引,围绕两个原子核运动,成为共有的电子,如图 7.5(a) 所示。两个共有的电子让每个氢原子的外壳层都处于满壳层的稳定状态,形成所谓的共价键,用 H—H 这样的符号表示。

由于电子是费米子,氢分子的两个电子的总波函数必须反对称。总波函数由空间部分 $\psi(1,2)$ 和自旋部分 $\chi(1,2)$ 构成,

即 $\psi(1,2)\chi(1,2)$。形成反对称的总波函数有两种方式，一种是自旋部分反对称而空间部分对称，另一种是空间部分反对称而自旋部分对称。求解薛定谔方程会发现，这两种反对称方式的能量是不同的。第一种的能量低一些，如图 7.5(b) 所示。基态氢分子就处于这一种状态。它的两个电子的自旋是上下反对称的，$(|\uparrow\downarrow\rangle - |\downarrow\uparrow\rangle)/\sqrt{2}$。这个状态叫做成键态，其空间部分是对称的。另一个能量高一些的状态叫做反键态，其自旋部分对称，但空间部分反对称。

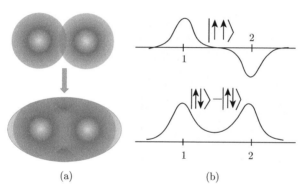

图 7.5　(a) 氢分子共价键的电子云；(b) 氢分子的两种自旋态的能级和波函数

1 和 2 表示两个氢原子的中心位置，曲线表示两原子核连线的垂线方向上的空间波函数

还有很多其他物质的分子也是以共价键的形式存在的，如氧分子、氮分子、二氧化碳分子等。有一些原子之间以单键结合如 H—H，有一些双键如 O = O，还有一些三键如 N ≡ N。

大量的有机分子都是以这样的共价键形式存在的。图 7.6 是几种典型有机分子的共价键。请注意，虽然这些共价键写在一

个平面上，但真实的分子一般是一个三维的立体结构。比如甲
烷的四个氢原子的连线构成一个正四面体。

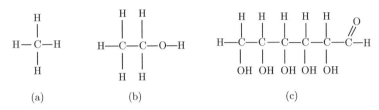

图 7.6 有机分子甲烷 (a)、乙醇 (b) 和葡萄糖 (c) 的分子式

碳原子的 4 个价电子分别占据一个 s 轨道和三个 p 轨道。
有趣的是，在适当的条件下，一个 s 轨道可以跟 2 个 p 轨道
(如 p_x、p_y) 形成 3 个方向不同但完全等价的杂化轨道 (称为
sp^2 杂化)，也可以跟 3 个 p 轨道形成 4 个等价的杂化轨道 (称
为 sp^3 杂化)。1928~1931 年，量子化学先驱鲍林根据量子力
学的原子结构理论提出了分子的杂化轨道模型，获得了 1954
年诺贝尔化学奖。甲烷分子的碳原子具有典型的 sp^3 杂化轨
道，每个杂化轨道结合一个氢原子形成共价键，构成了一个正
四面体。金刚石 (即钻石) 是通过碳的杂化轨道形成的晶体。它
的每个碳原子都以 sp^3 杂化跟另外 4 个碳原子结合形成一个
正四面体，如图 7.7(a) 所示。金刚石由于全部的碳原子都以
共价键的形式结合成一个整体，极其坚固，是自然界最坚硬的
物质。半导体硅、砷化镓等也具有这种类似金刚石的结构。还
有一些碳的化合物分子具有 sp 杂化 (如乙炔) 或 sp^2 杂化 (如
乙烯)。以碳和氢元素构成的有机分子几乎都是以上述杂化轨
道的共价键形式结合起来的。石墨也是由碳原子构成的，但每

个碳原子只跟周围三个碳原子以共价键结合，形成了平面结构的六角晶面，而晶面与晶面之间以很弱的所谓范德瓦耳斯力结合，很容易相互滑移。所以，石墨是做铅笔芯的好材料。石墨烯是最近一些年国际上非常热门的单层石墨晶体，如图 7.7(b)所示。英国曼彻斯特大学物理学家海姆和诺沃肖洛夫通过胶带剥离法成功从石墨中分离出石墨烯，共同获得了 2010 年诺贝尔物理学奖。石墨烯具有极其独特的物理性质，比如很强的韧性、很高的电子迁移率等，已经开始用作锂电池和太阳能电池的电极材料。类似的碳结构还有碳纳米管、60 个碳原子构成的 C_{60} 巴基球等。这些独特结构的材料具有重要的应用前景。

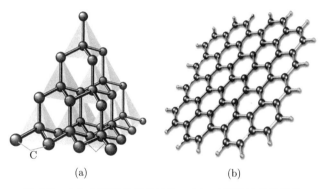

(a)　　　　　　　　　(b)

图 7.7　(a) 金刚石的晶体结构；(b) 石墨烯的晶体结构

还有一些化合物中的原子是以离子形式存在的。这种结合形式称为离子键。比如生石灰氧化钙 CaO，其中钙原子最外层只有两个电子，很容易失去两个电子而成为 +2 价钙离子 Ca^{2+}；而氧原子最外层有 6 个电子，很容易得到两个电子而成为 −2 价的氧离子 O^{2-}。离子也可以独立存在。比如食盐溶解到水里，就以自由的钠离子和氯离子游离在水中。

7.4　晶体中的声子

固体是由大量原子构成的。有些固体中的原子是按照一定的周期性整齐排列的。这样的固体称为晶体，如食盐、金刚石等。晶体有一个最小的重复单元，称为原胞。原胞一个一个按方位整齐排列就构成了晶体的晶格。一个原胞只包含一个原子的晶格称为简单晶格。一个原胞包含两个或以上原子的晶格称为复式晶格。有一些固体是由大量的晶体微粒杂乱堆积而成的，如铜和铁等。有一些固体由原子或分子杂乱排列而成，称为非晶体，如玻璃、塑料等。晶体有极其独特的力、热、电、光等物理性质，如导热、导电、硬度等。晶体理论被量子化是量子力学的又一个重大成就。人类对晶体的量子理论的研究可以追溯到爱因斯坦 1907 年的工作。

晶体中的原子都在平衡位置附近振动，具有振动能。根据经典热力学理论的能量均分定理，每个分子每个自由度的平均振动能为 $k_B T$（T 是晶体的温度，k_B 是玻尔兹曼常量）。1mol 的晶体有 N_A（阿伏伽德罗常量）个原子，因而有 $3N_A$ 个自由度（其中 3 个来自每个原子的 3 个空间自由度）。于是，1mol 晶体的内能为 $U = 3N_A k_B T = 3RT$，其中 $R = N_A k_B = 8.31 \mathrm{J/(mol \cdot K)}$ 称为摩尔气体常量。因此，各种晶体的摩尔热容量都是 $C_V = \mathrm{d}U/\mathrm{d}T = 3R \approx 25.2 \mathrm{J/(K \cdot mol)}$。在常温下，各种晶体的摩尔热容量的数值的确跟这个理论值差不多，如铝的为 25.7J/(K·mol)，铜的为 24.7J/(K·mol)，锡的为 27.8J/(K·mol)，铁的为 26.6J/(K·mol)，金的为 26.6J/(K·mol)，银的为 25.7J/(K·mol)，硅的为 19.6J/(K·mol)；只是金刚石的摩尔热容量偏离很多，只有 5.65J/(K·mol)。严重的问题出在低温范围。晶体的热容量随温度降低逐渐下降到 0，如图 7.8(a) 中小圆圈所示。经典热力学完全无法解释热容量这个低温行为。

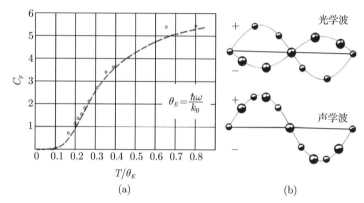

图 7.8　(a) 金刚石在低温下的热容量；(b) 晶格振动产生的格波

曲线是爱因斯坦用量子理论计算出来的结果；小圆圈是实验数据点；大球和小球表示一个原胞里的两个不同原子

　　1907 年，爱因斯坦根据当时才提出不久的普朗克能量子假说，提出晶体的每个自由度是一个角频率为 ω 的谐振子，能量为 $\hbar\omega$。根据热力学的玻尔兹曼统计，配分函数可以计算出来为 $Z = \sum_{n=0} \mathrm{e}^{-n\beta\hbar\omega} = \dfrac{1}{1-\mathrm{e}^{-\beta\hbar\omega}}, \beta = 1/(kT)$。1mol 晶体的内能则为 $U = -3N_\mathrm{A}\partial_\beta \ln Z = \dfrac{3N_\mathrm{A}\hbar\omega}{\mathrm{e}^{\beta\hbar\omega}-1}$。于是，1mol 晶体的

热容量 $C_V = \mathrm{d}U/\mathrm{d}T = 3R\left(\dfrac{\hbar\omega}{kT}\right)^2 \dfrac{\exp(\beta\hbar\omega)}{[\exp(\beta\hbar\omega)-1]^2}$。由此计算出的结果跟实验结果很接近，如图 7.8(a) 中的曲线。简单的量子论就成功地解决了上述热容量在低温下趋于 0 的疑难。当然，爱因斯坦的结果跟实验还有微小的差别。不久德拜改进了爱因斯坦的方法，认为谐振子的能量有一个变化范围，重新计算了晶体的低温热容量，计算结果跟实验值几乎完全重合。

1912 年，玻恩，就是前面介绍过的后来为薛定谔方程提出概率诠释的那一位，开始了对晶格振动的研究。晶格振动在晶体内形成格波，也就是晶体内的声波。格波具有波矢 $\boldsymbol{q}$ 和角频率 ω。波矢的方向给出格波的传播方向，波矢的大小给出格波的波长 $\lambda = 2\pi/q$。波矢和角频率的关系 $\omega(q)$ 称为色散关系，也称为声子谱。典型的声子谱如图 7.9(a) 所示。简单立方晶格的声子谱只有声学波一支。复式晶格的声子谱有声学波和光学波两支。声学波主要来自晶格的原胞作为一个整体的振动；光学波主要来自原胞内几个原子之间的相对振动，如图 7.8(b) 所示。晶体内正负离子受到外来光场的作用就会产生相对振动，从而产生频率在 $10^{13}\mathrm{Hz}$ 左右的光学波。所以，复式晶格的晶体材料对这个波段的红外光能产生强烈吸收。"光学波"因此得名。

三维晶体的格波还分为：与传播方向 $\boldsymbol{q}$ 垂直的两个横波和与 $\boldsymbol{q}$ 平行的一个纵波。实际晶体内的横波和纵波的声子谱常常不重合。所以，实际晶体的声学波和光学波都劈裂为两条，如图 7.9(b) 所示的硅晶体的声子谱就是如此。晶体内不同方向的声子谱曲线也有一点差别。声子谱主要是由晶体的晶格周期性决定的。所以，各种不同的晶体材料都具有相似的声子谱。声速可以通过声子谱求出来：$v_p = \mathrm{d}\omega/\mathrm{d}k$，也就是声子谱的斜率。玻恩的工作开创了晶格动力学的新领域。我国老一辈固体物理学家黄昆先生早年跟玻恩合作，取得了国际公认的开创性成果。黄昆先生编写的《固体物理学》经过多次修订再版至今仍是我国被广泛使用的经典教材[①]。

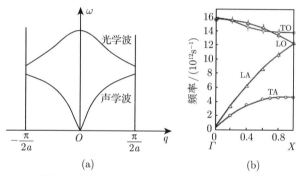

(a)   (b)

图 7.9   (a) 简单立方复式晶格沿某方向的声子谱；(b) 硅晶体沿 [100] 方向的声子谱

其中字母 T 表示横波，L 表示纵波，O 表示光学波，A 表示声学波

晶格振动有点像弹簧谐振子。在平衡位置附近，原子受到的作用力跟谐振子所受的力具有相同的形式。求解类似于谐振子的相互作用势的薛定谔方程，可以得到晶格振动能级为

$$E_n = \left(n + \frac{1}{2}\right)\hbar\omega_q \tag{7.5}$$

其中 ω_q 正是格波的角频率。这个量子化能级非常特别，因为它总是改变一个能量单位 $\hbar\omega_q$ 的整数倍。人们把这个能量单

① 黄昆，《固体物理学》，高等教育出版社 (1988).

位称为声子。公式中的 n 称为声子数。晶体内部的晶格振动现在可以看做大量声子组成的声子气体，正如空腔内部的光子气体一样。声子是玻色子，满足玻色–爱因斯坦分布律。

声子不仅具有能量，还具有动量 $\hbar q$。由于晶格的周期性，声子谱也有一个波矢周期 Q。也就是说，每隔一个 Q，声子谱重复。所以，声子的动量有 $\hbar Q$ 的不确定性。因而，声子的动量称为准动量。相对于能量相同的光子来讲，声子的准动量（π/a 的量级）比光子的动量大得多。所以，X 射线也难以激发声子。慢中子的动量跟声子差不多，所以声子谱一般用慢中子来测量。慢中子进入晶体后激发或吸收声子后发生偏转。测量入射和出射中子的能量和动量，根据能量和动量守恒，就可以算出声子的能量和动量，从而确定声子谱。

一个声子听起来好像是一个点粒子，但它不是！它也不是某一个原子的振动，而是由一块晶体中所有原子的集体振动形成的。晶体内的电子和声子的碰撞，导致电子的定向运动损失能量，从而产生电阻。声子还参与了一些非常特别的物理过程，比如，电子和声子之间的相互作用导致两个电子相互吸引而配对，产生了常规超导现象。

还有一个有趣的现象值得一提。在上面的能级式 (7.5) 中，能级在 $n=0$ 时也不为 0。这表明，即使在温度为 0K 时一个声子也没有的情况下，晶格振动能量也不为 0！这个能量称为零点能，是晶体最小的振动能。这是原子的位置和动量的不确定性关系的表现。

7.5 晶体的能带

声子讲的是晶体内原子的振动。晶体内原子的价电子在晶格周期势场的作用下运动会形成连续的能带。这是晶体区别于原子 (分立能级) 的重要特征。能带对晶体电学性质有决定性的作用。

晶体里原子的价电子受到晶格周期势的作用，在整个晶体内运动，成为晶体内所有原子公有的电子。

为了看清楚电子的状态，我们先看看金属的情况。金属晶体中的电子是近似自由的。也就是说，这些电子的能量近似为它们的动能 $E_k = p^2/(2m) = \hbar^2 k^2/(2m)$，这里 $p = \hbar k$ 是德布罗意的物质波假说，$k = 2\pi/\lambda$ 是波矢。它们的波函数近似为平面波 $\psi_k(\boldsymbol{r}) = u(\boldsymbol{r})e^{i\boldsymbol{k} \cdot \boldsymbol{r}}$，但多一个调制因子 $u(\boldsymbol{r})$。布洛赫定理表明，$u(\boldsymbol{r})$ 是晶格矢量 $\boldsymbol{R}$ 的周期函数 $u(\boldsymbol{r}) = u(\boldsymbol{r} + \boldsymbol{R})$。由于电子是费米子，一个波矢带有上自旋和下自旋两个状态，只能容纳两个电子。所以，在 0K 温度下电子占据费米能 E_F 以下所有的状态，如图 7.10(a) 所示。由于电子各向均匀地分布在三维波矢 $\boldsymbol{k}$ 空间里，也就是各个方向的电子流均衡并相互抵消，所以不产生宏观电流。当金属两端加上电压时，金属内部存在电场，电子受到电场力的作用，倾向于电场反方向，最后跟电子之间的碰撞达到平衡而稳定，如图 7.10(b) 所示。于是，指向电场方向的电子流小于指向电场反方向的电子流，从而产生了宏观电流。这就是金属导电的物理图像。请把这个一边翘的电子分布导致电流的图像放在脑海里。

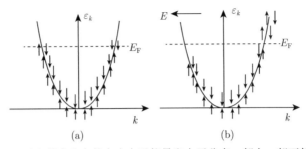

图 7.10　(a) 某个方向的自由电子能量和电子分布，朝上、朝下的箭头
表示自旋方向；(b) 在电场的作用下电子重新分布

晶体的能带跟近自由电子的能量也差不太多。前面讲过，由于晶体的周期性，波矢也有一个重复周期。以边长为 a 的简单立方晶格为例，波矢的重复周期为 $2\pi/a$。简单立方晶格的波矢的最小重复单元也是一个简单立方，k_x、k_y、k_z 三个方向都取 $-\pi/a \sim \pi/a$。这样的重复单元称为布里渊区。电子的能带大致上如图 7.11(a) 所示。这样的曲线称为电子的能量与波矢之间的色散关系。

如果仅考虑导电性质，能带可以简化，略去波矢的信息，只管能带的能量宽度，如图 7.11(b) 所示。0K 温度下电子填满费米能 E_F 以下的所有能级。能带之间的间隙称为带隙，带隙中没有能级！费米能的位置有两种情况，一种是位于某一个能带之中 (这个能带称为导带)，另一种是位于能隙之中 (这时费米能之上的能带称为导带)，如图 7.12 所示。导带之下的能带称为价带。在有限温度下，电子按费米–狄拉克分布函数进行分布，如图中最右边的曲线所示，电子以较小的概率占据在费米能 E_F 之上的能级，而费米能 E_F 之下的能级上有少量的空

位 (空穴)。如前所述，在电场的作用下，金属中费米能附近的电子会形成一边翘的分布从而导电，因而金属是一种导体。0K温度下的绝缘体的导带是空的，价带是满的。而且绝缘体的带隙非常大，达 4eV 以上，在常温下电子缺乏足够的能量从价带跃迁到导带。由于费米能附近没有能级，电场不能产生一边翘的电子分布，因而绝缘体不能导电。

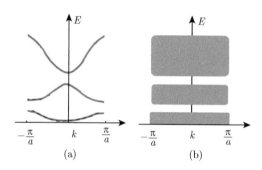

图 7.11 (a) 能带的基本形态；(b) 略去波矢信息的能带

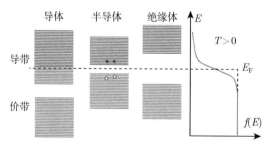

图 7.12 导体、半导体和绝缘体的能带

能带中的实心小圆点表示有限温度下增加的电子，空心小圆圈表示空穴。最右边的曲线是有限温度时电子在能级上的分布函数，即费米–狄拉克分布函数

半导体的能带与绝缘体相似，本来导带也是空的，价带是

满的。但是半导体的带隙很小，只有 1eV 左右 (如硅的带隙为
1.4eV)。所以，在有限温度下热涨落导致少量电子跃迁到导带，
并在价带留下少量空穴。这些电子和空穴就可以在电场的作用
下微弱导电。半导体还可以经过掺杂，在导带中增加电子 (称
为 n 型半导体)，或者在价带中增加空穴 (称为 p 型半导体)，
从而显著提高导电能力。p 型半导体和 n 型半导体接触的界面
形成 pn 结。pn 结是构造二极管、三极管、场效应管、集成电
路等半导体器件的基本结构。

刚才被忽略的能带色散关系对材料的光学性质有重要作
用。晶体的光吸收和光发射，是通过价带和导带之间的电子跃
迁进行的。被吸收或发射的光子的能量必须大于带隙。现在来
说说光发射。7.4 节讲过，在晶体中光子的动量相对于声子的
动量来讲非常小，可以忽略。所以，由于动量守恒，光发射的
电子跃迁只能发生在几乎相同的波矢上。由于电子是费米子，
一个状态最多只能容纳一个电子，导带中的电子只能跃迁到价
带中的空穴中。可是，空穴在哪里？在价带顶。导带中的电子
在哪里？在导带底。那么问题就来了，有些半导体 (比如硅) 的
价带顶和导带底不在相同的波矢上，如图 7.13(a) 所示！这样
的带隙称为间接带隙。电子在间接带隙之间跃迁，波矢发生改
变，因而动量有变化。所以这样的跃迁只能通过发射或吸收声
子来保证动量守恒，故跃迁概率很低。正是由于这个原因，间
接带隙半导体的发光效率很低。这样的半导体不能用来做发光
二极管。而砷化镓是直接带隙半导体，光发射不需要声子配合，
所以有较高的发光效率，如图 7.13(b) 所示，是发光二极管的

理想材料。

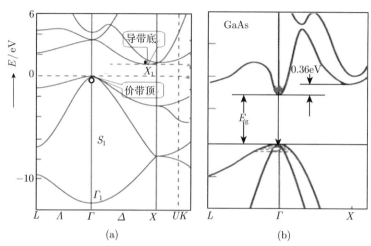

图 7.13　(a) 硅的间接带隙，电子通过吸收或发射声子向价带顶跃迁；
(b) 砷化镓的直接带隙

　　半导体的光吸收不受间接带隙的影响，因为导带是空的，价带中的电子吸收光子之后可以跃迁到导带中相同的波矢上，所以，间接带隙半导体硅可以用于太阳能电池。硅比砷化镓更廉价，制造工艺也更简单，是目前大规模制造太阳能电池的首选材料。

　　20 世纪初，人们提炼出高纯度的半导体材料。1947 年，巴丁、布拉顿和肖克利发明了晶体管 (包括半导体二极管和半导体三极管)。他们因此发明获得了 1956 年诺贝尔物理学奖。令人惊讶的是，巴丁后来还因为创立超导理论于 1972 年第二次获得诺贝尔物理学奖，是迄今全世界唯一两次获得诺贝尔物理学奖的科学家。晶体管的发明带来了一次电子技术的革命。1958 年，诺伊斯和基尔比独立发明了集成电路，开创了人类的微电子技术新时代。现在世界已进入 3nm 芯片时代，集成电路中每平方毫米可以容纳几亿个晶体管等元器件。微电子技术开启了信息技术新时代。

7.6　约瑟夫森效应

隧穿效应是经典世界不可想象的量子现象。它也是粒子的波动性的表现。隧穿效应对势垒宽度非常敏感。对宏观尺度的势垒宽度，隧穿效应几乎为 0。所以，通常我们看不到宏观的隧穿效应。但在微观世界，只要势垒足够薄 (比如几埃)，隧穿现象就可以非常显著。两片金属被一个绝缘薄层隔开，在电压的作用下，金属中的电子就可以通过隧穿效应穿透绝缘层形成电流。

1962 年，年仅 22 岁的剑桥大学实验物理学研究生约瑟夫森 (B. D. Josephson) 根据隧穿效应做了一个惊人的理论预言：两块超导体夹一片绝缘体薄层构成的 SIS 三明治结构 (称为约瑟夫森结)，见图 7.14(a)，在无电压时可以存在直流电流。超导性的 BCS 量子理论表明，超导体内部电子配对 (称为库珀对)。约瑟夫森结一侧的超导体中的电子库珀对可以通过隧穿效应穿过绝缘层到达另一侧超导体从而形成电流。更神奇的是，在约瑟夫森结两端加上恒定电压可以形成交变电流，而且交变电流的频率由两端的电压决定：$f = 2eV/h$。通过测量频率可以反推出电压,所以约瑟夫森结可以制成一种精密的电压计。约瑟夫森这个预言很快被实验证实,被称为约瑟夫森效应。约瑟夫森因此发现获得了 1973 年诺贝尔物理学奖。

现在人们根据约瑟夫森效应还制成了精密的超导量子干涉器件 (SQUID),见图 7.14(b),用于超导磁强计、磁梯度计、磁化率计、高灵敏度的检流计等。SQUID 上的隧穿电流随着环内磁通量呈周期性变化。在磁通量为磁通量子 $\left(\dfrac{h}{2e}\right)$ 的整数倍时,隧穿电流达到最大值;在磁通量为磁通量子的半整数倍时,隧穿电流为 0。SQUID 对磁场强弱非常敏感,所以可以非常灵敏地测量微弱磁场,精度可达到 10^{-12}T 甚至更高。

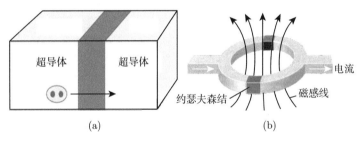

(a)   (b)

图 7.14 (a) 约瑟夫森结;(b) SQUID

跟约瑟夫森一起获奖的还有日本工程师江崎玲于奈和挪威物理学家贾埃弗。他们发现了半导体结和超导金属结上的电子或空穴的隧穿效应,发明了隧道二极管等。

顺便说一下,1981 年位于瑞士苏黎世的 IBM 实验室的宾尼希和罗雷尔发明的扫描隧道显微镜 (STM) 也是一种隧穿效应的应用。这种显微镜完全不同于常规的光学透镜式显微镜,而是用一个极其锋利的针尖 (一个原子大小) 和被测导体表面形成真空势垒，电子在电压的作用下通过隧穿效应从针尖透射到导体表面形成隧穿电流。当针尖在导体表面上扫描时，导体表面原子的起伏造成势垒宽度的变化，从而引起隧穿电流的变化。隧穿电流的变化正好反映了导体表面原子的排列，见图 7.15(a)。现在人们还可以用这种技术搬运原子构成所需要的器件，见图 7.15(b)。这是一个巨大的技术进步，人类第一次直接观察到原子并操纵原子！两位发明者宾尼希和罗雷尔获得了 1986 年诺贝尔物理学奖。

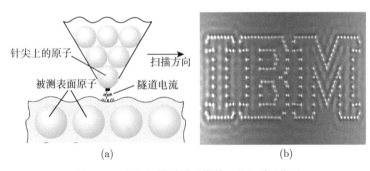

图 7.15　(a) 扫描隧道显微镜；(b) 原子搬运

7.7　量子信息

大家知道，计算机通过多种介质来存储和操作数字信息。这些介质一般都有两种物理状态，比如磁带上磁性介质有上下两种磁化方向，有些物理元件有导通或者截止两个状态。这些双态正好对应二进制数的 0 和 1。所以，数字信息都以二进制的形式存储在计算机里。每个存储单元称为 1 位或者 1 比特

(bit)。一比特要么存储 0，要么存储 1。通常存储一个英文字母需要 8 比特，比如字母 D 的编码为 01000100，所以 8 比特合为 1 个字节 (byte，简写为 B)。现在一般计算机内存的存储量可达 16GB 或更多一些 (G 表示 10^9)，硬盘的存储量可达 1TB 以上 (T 表示 10^{12})。计算机通过存储单元上的操作对信息进行存储、擦除、传输、计算等。这些操作通常只能一比特接一比特地进行 (串行)。串行的快慢由计算机的主频决定，主频也就是计算机每秒的运算次数。计算机当然也可以通过多个 CPU 进行并行计算。

量子力学为我们提供了另一种信息存储手段。每个存储单元有两个特别的本征态 (基矢)|0⟩ 和 |1⟩。有多种方法可实现这种近简并双态，比如约瑟夫森结、光子的水平和竖直两种偏振态、核自旋的上下取向等。当存储单元被制备到某个量子态上，可以是两个基矢的叠加

$$|\psi\rangle = a|0\rangle + b|1\rangle \qquad (7.6)$$

其中 $|a|^2$、$|b|^2$ 分别表示量子态处于两个本征态的概率，且满足 $|a|^2 + |b|^2 = 1$。这样的一个存储单元称为量子比特 (qubit)。相比传统的存储单元，量子比特可以存储更多的信息，因为 a、b 的大小有任意性。据估算，50 多个量子比特就可以达到传统的超级计算机的存储能力。

量子比特的一个神奇特点是不可复制性，称为量子不可克隆定理。这个特性成为量子保密传输的理论保证。窃听通常有两种方式：直接探测和复制。量子态一旦被探测就会坍缩，量

子信息本身就被破坏而失效。窃听者复制信息是为了读取信息同时让信息继续有效发送。但量子信息不可能被复制。所以，窃听量子信息受到物理原理上的限制。量子信息可以在公开信道上传输！于是，不可被窃听的量子密码传输技术诞生。我国在这方面走在世界前列，以中国科学技术大学潘建伟院士、郭光灿院士为代表的团队活跃在国际舞台上。

　　量子信息的最大障碍是所谓退相干，即一个量子态受到环境的影响会迅速丢失所携带的相位信息。为了延长退相干的时间，通常需要用更多的量子比特对一个量子比特上的量子信息进行保护。最近一些年国际上热门的拓扑绝缘体研究有可能为量子信息提供一种受拓扑保护的量子比特媒介。

　　相比传统比特，量子比特的最大优点是可以并行运算。多个量子比特的运算通过量子态的叠加可以一次性完成，运算速度大大提高。有一个很有代表性的数学问题可以说明这件事的重要性。现代最高级的密码系统称为 RSA 加密系统，就是把一个巨大的整数分解为几个质数的乘积，比如 $91 = 7 \times 13$。数学原理严格证明：把几个质数乘起来很容易，但是反过来需要耗费巨大的算力和时间。比如要分解一个 60 位的整数，用目前世界上最快速的计算机也要耗时 300 亿年！1994 年肖尔 (Shor) 等利用量子算法，从理论上证明，大数分解只需要几微秒就能完成！所以，一旦量子计算被实现，现代密码学就彻底失效！

　　量子计算的概念最早由美国阿贡国家实验室的贝尼奥夫 (Benioff) 于 20 世纪 80 年代初提出，二能级量子系统可用来仿真数字信息。后来世界著名的大物理学家费曼对这个问题产生兴趣并着手研究，在 1981 年于麻省理工学院做了一场演讲，勾勒出量子计算的框架和前景。1985 年，牛津大学的多依奇 (Deutsch) 提出量子图灵机的概念，使量子计算具备了基本的数学形式。现在国际上多个实验组如 Google 量子计算实验室等宣布实现了"量子霸权"，也就是实现了一种传统计算机几万年都算不出来的运算，但结果有待确认。世界上多个国家都在竞相研究量子计算。2021 年中国科学院科研团队在超导量子和光量子两种系统的量子计算方面取得重要成果，宣布达到了"量子计算优越性"级别，"离量子霸"权还有一步之遥。目前国际上有多个科研机构开发的量子计算机可供社会通过网络平台免费使用，如 IBM、D-Wave、Google 等，非常值得有兴趣的人士去尝试一下。

附录一
量子力学的矩阵形式

这里介绍一下量子力学的基本内容。首先,系统的状态由波函数决定,波函数满足薛定谔方程,并且波函数及其一阶导数连续。其次,系统的状态满足叠加原理。这些原理已在正文中解释。

任何一个力学量 (如位置、动量、角动量、能量等) 都有一个对应的算符,但还有一些算符不跟任何力学量对应。算符用字母加帽子表示,如 $\hat{O}$。算符的意思是一种操作,比如对波函数的导数等。一般来讲,每个算符都有一系列的本征态,即有如下本征方程:

$$\hat{O}\phi_n(x) = \lambda_n \phi_n(x) \tag{1}$$

其中 λ_n 和 $\phi_n(x)$ 分别称为算符 $\hat{O}$ 的本征值和本征态。比如,动量的三个分量对应三个方向的偏导数算符 $\hat{p}_x = -\mathrm{i}\hbar\partial_x$,$\hat{p}_y = -\mathrm{i}\hbar\partial_y, \hat{p}_z = -\mathrm{i}\hbar\partial_z$。平面波就是它们的本征态,比如

$$\hat{p}_x \mathrm{e}^{\mathrm{i}k\cdot x} = p_x \mathrm{e}^{\mathrm{i}k\cdot x}, \quad p_x = \hbar k_x \tag{2}$$

其中 p_x 是动量分量算符 $\hat{p}_x$ 的本征值。由于力学量的观测值都是实数，任何一个可观测的力学量算符的本征值都必须是实数。这个要求对算符的形式构成了一个限制，可观测力学量的算符必须为厄米算符。

一个算符的本征态有个重要的正交归一性，即

$$\int_{-\infty}^{\infty} \phi_m^*(x)\phi_n(x)\mathrm{d}x = \delta_{mn} = \begin{cases} 1, & m = n \\ 0, & m \neq n \end{cases} \tag{3}$$

其中 $m = n$ 的情况就是波函数归一化（为了简化，这里略去了连续本征值的情况）。

一个算符的所有本征态函数构成一组函数完备基 $\{\phi_n(x), n = 1, 2, 3, \cdots\}$，其中每个本征态称为一个函数基。函数完备基的意思就是一个任意的波函数 $\phi(x)$ 都可以用这个完备基的所有函数基展开为

$$\phi(x) = \sum_n c_n \phi_n(x) \tag{4}$$

其中 c_n 称为展开系数，且 $|c_n|^2$ 表达了粒子的状态处在对应的本征态 $\phi_n(x)$ 上的概率，也就是用实验来测量力学量 $\hat{O}$ 时测到本征值 λ_n 的概率。由于波函数归一化，即总概率必须为 1，展开系数满足 $\sum_i |c_i|^2 = 1$.

这个展开式就像是三维空间中任意一个矢量都可以用三个坐标基矢量展开一样：$\boldsymbol{A} = A_x\boldsymbol{i} + A_y\boldsymbol{j} + A_z\boldsymbol{k}$，其中 A_x、A_y、A_z 是展开系数。三个坐标基矢 $\boldsymbol{i}$、$\boldsymbol{j}$、$\boldsymbol{k}$ 构成了三

维空间的完备基。类似地，函数完备基也构成了一个数学意义上的空间，称为希尔伯特空间。一般地，完备基包含无穷多个函数基，所以，一般的希尔伯特空间是无穷维的。

如果我们已知波函数 $\phi(x)$ 和本征态 $\phi_m(x)$，展开系数可以如下计算出来：

$$c_m = \int \phi_m^*(x)\phi(x)\mathrm{d}x \tag{5}$$

把展开式 (4) 代入并利用本征态的正交归一性就可以证明这个公式。

我们可以定义一个算符在两个波函数上的内积为

$$(\psi(x), \hat{O}\phi(x)) \equiv \int \psi^*(x)\hat{O}\phi(x)\mathrm{d}x \tag{6}$$

由于实验每次测量一个力学量 $\hat{O}$ 只可能得到它的各个本征值中的某一个，而每个本征态存在的概率为 $|c_n|^2$，故多次测量的平均值 (称为期望值) 就是

$$\overline{O} = \sum_n |c_n|^2 \lambda_n = (\phi(x), \hat{O}\phi(x)) \tag{7}$$

其中第二个等式也可以由完备基展开式和基矢的正交归一性证明。

正如三维空间中任意矢量 $\boldsymbol{A}$ 的基矢展开式 $\boldsymbol{A} = A_x\boldsymbol{i} + A_y\boldsymbol{j} + A_z\boldsymbol{k}$ 可以简化为一个列向量 $\boldsymbol{A} = (A_x, A_y, A_z)^\mathrm{T}$ 一样 (T 表示转置，即行列对调)，展开式 (4) 也简化为一个列向量 $(c_1, c_2, \cdots)^\mathrm{T}$，并记为 $|\phi\rangle$，

$$|\phi\rangle = (c_1, c_2, \cdots)^\mathrm{T} \tag{8}$$

于是任一个波函数都对应一个矢量，称为态矢量 (简称态矢)。$|\phi\rangle$ 这个表示是大物理学家狄拉克创造的，称为右矢。他还创造了左矢

$$\langle\phi| = (c_1^*, c_2^*, \cdots) \tag{9}$$

同一个态的左矢和右矢的内积是归一的

$$\langle\phi|\phi\rangle = c_1^* c_1 + c_2^* c_2 + \cdots = \sum_i |c_i|^2 = 1 \tag{10}$$

基矢的正交归一性可以简化为

$$\langle\phi_m|\phi_n\rangle = \delta_{mn} \tag{11}$$

一个任意的态矢 $|\phi\rangle$ 在基矢上的投影就得到展开系数

$$\langle\phi_m|\phi\rangle = c_m \tag{12}$$

这个投影跟三维空间的矢量向坐标轴投影的效果是一样的。

本征态完备基的完备性表现为

$$\sum_n |\phi_n\rangle\langle\phi_n| = 1 \tag{13}$$

注意，上式中右矢和左矢的位置不能对调。这个形式表示对某个基矢投影。把这个等式作用到一个任意的态矢上就得到其展开式

$$|\phi\rangle = \sum_n |\phi_n\rangle\langle\phi_n|\phi\rangle = \sum_n |\phi_n\rangle c_n \tag{14}$$

149

其中 $c_n = \langle \phi_n | \phi \rangle$ 正是展开系数。于是，积分形式的内积 (6) 现在成为左右态矢的缩并

$$\langle \psi | \hat{O} | \phi \rangle = (\psi(x), \hat{O}\phi(x)) \tag{15}$$

力学量的期望值式 (7) 则可表示为

$$\overline{O} = \langle \phi | \hat{O} | \phi \rangle \tag{16}$$

一个算符对左右基矢做内积就可以把算符转化为矩阵形式

$$A_{mn} = \langle \phi_m | \hat{A} | \phi_n \rangle \tag{17}$$

这样做就可以把薛定谔方程改写成矩阵形式，即

$$H|\psi(t)\rangle = \mathrm{i}\hbar\, \partial_t |\psi(t)\rangle \tag{18}$$

其中 H 是一个矩阵，其矩阵元为 $H_{mn} = \langle \phi_m | \hat{H} | \phi_n \rangle$。这是一个矩阵方程。

附录二

量子理论大事记

1900 年，普朗克提出能量子假说，解释了黑体辐射的能量密度分布；

1905 年，爱因斯坦提出光量子假说，解释了光电效应；

1913 年，玻尔提出氢原了的量子轨道模型，解释了氢原子的能级和光谱；

1916 年，爱因斯坦提出受激辐射的概念，为现代激光打下理论基础；

1923 年，康普顿用光子–电子散射实验验证了光子的存在；

1924 年，德布罗意提出物质波假说，揭示了微观粒子的波粒二象性；

1925 年，海森伯提出矩阵力学，首创了量子力学的基本原理；

1925 年，泡利提出了不相容原理 (后称泡利不相容原理)，解开了原子外围电子排列之谜；

1926 年，薛定谔提出了薛定谔方程，建立了量子力学的波动学说；

1926 年，玻恩提出了波函数的概率诠释，形成了量子力学的哥本哈根诠释；

1927 年，海森伯发现了量子力学的不确定性原理；

1928 年，狄拉克提出了狄拉克方程，建立了相对论性量子力学，并预言了反粒子；

1935 年，爱因斯坦等提出了 EPR 佯谬，质疑量子力学的完备性；

1935 年，薛定谔提出了薛定谔猫态，质疑量子力学的纠缠态；

1964 年，贝尔提出了贝尔不等式，给出玻姆的局域隐变量理论的判决性检验方案；

1981 年，阿斯佩等用实验否定了玻姆的局域隐变量理论，验证了量子力学的完备性；

1996 年，Monroe 等在实验中实现了微观粒子的薛定谔猫态，验证了量子力学纠缠态的正确性。

后　记

　　量子物理从普朗克 1900 年提出量子思想以来走过了一个多世纪。这一段漫长的历程充满了物理学家的勤奋探索、深入思考和大胆创新。量子力学的建立把人类从宏观世界带入微观世界，展现了微观世界全新的物理规律。人类在量子力学的指引下创造了一个全新的高科技时代。

　　量子之光还将继续闪耀。